高等职业教育
新形态创新
系列教材

食品生产市场准入管理

主编 李 博 顾振华

西安交通大学出版社
XI'AN JIAOTONG UNIVERSITY PRESS

图书在版编目(CIP)数据

食品生产市场准入管理/李博,顾振华主编. —西安:
西安交通大学出版社,2023.7
ISBN 978-7-5693-2937-7

Ⅰ. ①食… Ⅱ. ①李… ②顾… Ⅲ. ①食品加工-市场
准入-教材 Ⅳ. ①TS207

中国版本图书馆 CIP 数据核字(2022)第 232863 号

Shipin Shengchan Shichang Zhunru Guanli

书　　名	食品生产市场准入管理	
策划编辑	曹　昳　王　帆	
责任编辑	杨　璠	
责任校对	曹　昳	

出版发行	西安交通大学出版社
	(西安市兴庆南路 1 号　邮政编码 710048)
网　　址	http://www.xjtupress.com
电　　话	(029)82668357　82667874(市场营销中心)
	(029)82668315(总编办)
传　　真	(029)82668280
印　　刷	西安五星印刷有限公司

开　　本	787 mm×1092 mm　1/16　**印张** 10.5　**字数** 205 千字
版次印次	2023 年 7 月第 1 版　2023 年 7 月第 1 次印刷
书　　号	ISBN 978-7-5693-2937-7
定　　价	41.00 元

如发现印装质量问题,请与本社市场营销中心联系。
订购热线:(029)82665248　(029)82667874
投稿热线:(029)82668804
读者信箱:phoe@qq.com

前 言

Forword

本书主要围绕食品生产市场准入制度在使用过程中的科学要求和准则，以市场中典型的食品生产企业为蓝本，展开描述在生产准入过程中会遇到的实际问题，用螺旋式上升的知识体系、任务模块来引领学生学习，是一本集合了知识重点、问题、实际案例的教学辅助用书。

使用本书时应注意以下问题：

1. 应按照书中编写的项目顺序进行学习，书中题目、任务难度逐渐加深，循序渐进；

2. 书中图纸均由实际生产中同类企业真实案例改编，与实际工作任务相符合；

3. 建议学习过程中配合课程内容完成，由教师讲授和指导。

本书适用于应用型本科、职业本科食品类专业学生学习食品安全管理等教学模块，也适用于高等职业教育食品质量与安全专业学生学习，同时适用于职后教育、企业员工培训等用途。

在编写本书之前，作者希望能够编写一本有很强实用性的教材，可以供学生、老师们上课使用，既能体现校企融合的特质，又能有可操作性，方便教师授课，也方便学生们记录和学习，每节课都可以解决实际的问题，使学生们每节课均有所收获。在本书编写的过程中，得到了广大企业的支持，最终作者决定应用校企合作的编写方式，将企业真实案例融入教材，在行政职能部门的指导下，将现有食品生产市场准入管理的标准、法则、守则收录进入教材，供学生门学习使用，方便教师授课，使得课程效果有所提升。

本书为上海市精品课程食品生产市场准入管理配套教材，企业资助材料均再次加工，仅供学生学习使用。

编者

2022 年 9 月

目 录

Contents

项目前准备

食品生产市场准入制度认知

学习导入

1. 什么是食品生产许可证（SC）？

学习要点归纳：

2. 食品生产许可证办理流程有哪些?

学习要点归纳:

3. 申请食品生产许可证需要提交哪些材料？

学习要点归纳：

项目 1

茶叶类食品生产企业市场准入

 学习目标

(1)学会按照图纸工艺和产品种类，对照茶叶类相关食品生产许可证审查细则(附录 E、F、G)，查找确定食品生产许可证的分类及申证单元；

(2)看懂食品生产(茶叶)企业的工艺流程布局图；

(3)了解如何撰写食品的工艺流程；

(4)学会按照图纸和工艺，对照细则，查找食品生产企业的生产设备设施；

(5)了解申请食品生产许可时对企业负责人、食品安全管理员和关键岗位食品从业人员的要求；

(6)学会编写食品生产企业许可中检验室的检验设备和食品安全管理制度。

①采摘　②萎凋　③揉捻　④发酵　⑤烘干　⑥筛分

茶叶生产工艺流程

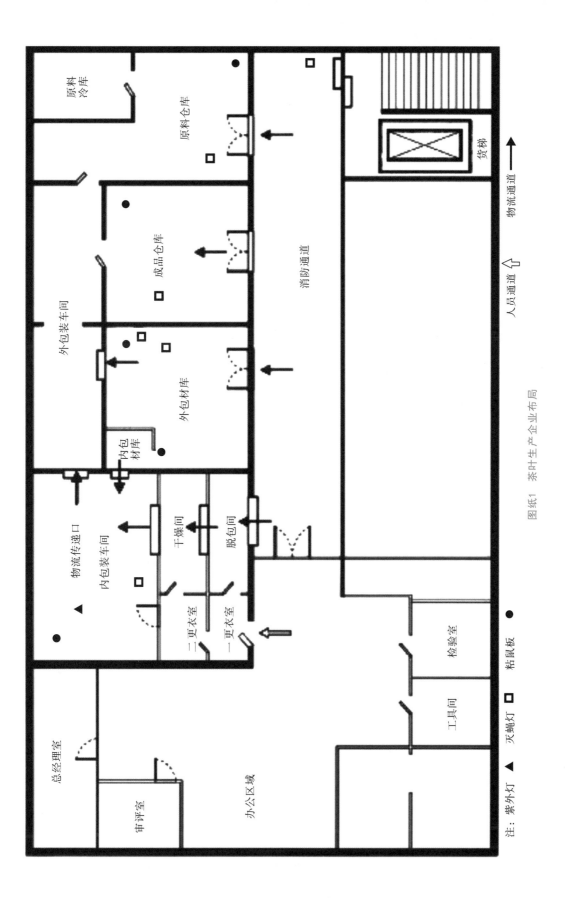

图纸1 茶叶生产企业布局

注：紫外灯 ▲ 灭蝇灯 ❑ 粘鼠板 ●

任务实施

任务一：请在图纸上注明人流和物流方向。

任务学习要点归纳：

_____

_____

_____

_____

任务二：用工艺流程图的形式描述茶叶生产工艺。

任务学习要点归纳：

_____

_____

_____

_____

_____

_____

任务三：该厂应该具备哪些生产的仪器设备？

任务学习要点归纳：

任务四：办这样一家企业需要聘请哪些人员？各岗位人员应具备何种要求？

任务学习要点归纳：

任务五：这家企业产品生产许可证的申证单元是什么？产品出厂检验项目有哪些？需要哪些检验的基本设备和器具？

任务学习要点归纳：

项目 2
糕点类食品生产企业市场准入

学习目标

(1)学会按照图纸工艺和产品种类，对照《糕点生产许可证审查细则》(附录I)，查找确定食品生产许可的分类及申证单元；

(2)掌握正确地撰写糕点生产工艺流程；

(3)掌握食品生产(糕点)企业的厂房(厂区以及主要生产车间和仓库)要求；

(4)学会通过查阅《糕点生产许可证审查细则》明确出厂检验项目及方法、要求；

(5)能够看懂食品生产(糕点)企业的工艺流程布局图，并且会改图纸；

(6)学会编写食品安全管理制度。

糕点生产企业厂房

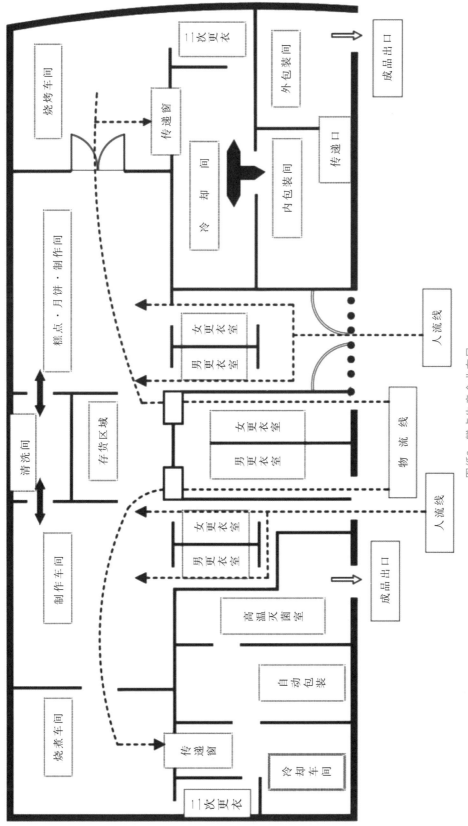

图纸2 糕点生产企业布局

任务实施

任务一：用工艺流程图的形式描述糕点生产工艺。

任务学习要点归纳：

任务二：这家企业产品生产许可证的申证单元及产品类别（单元下的小类）是什么？

任务学习要点归纳：

_____

_____

_____

_____

_____

_____

_____

任务三：除生产区域外，该企业还应有哪些区域？应符合什么要求？[参考《食品生产许可审查通则(2022版)》(附录A)]

任务学习要点归纳：

任务四：产品出厂检验项目有哪些？需要哪些基本设备、器具及试剂？

任务学习要点归纳：

任务五：该企业布局图是否有可以改进的地方？请画出修改后的厂区布局图

任务学习要点归纳：

项目 3
水产制品类、速冻食品类生产企业市场准入

 学习目标

(1)学会撰写速冻食品的生产工艺;

(2)掌握通过《速冻食品生产许可证审查细则(2006版)》(附录 D)整理、撰写不同类型速冻食品生产企业的生产仪器设备和工具;

(3)学会食品生产(速冻)企业的危害分析及关键控制点(HACCP)的要点;

(4)掌握根据《水产加工品生产许可证审查细则》(附录 H)、《速冻食品生产许可证审查细则(2006 版)》(附录 D)撰写出厂检验项目及检验设备要求的方法;

(5)掌握根据《水产加工品生产许可证审查细则》(附录 H)、《速冻食品生产许可证审查细则(2006 版)》(附录 D),绘制水产制品和速冻食品生产企业组织结构图的方法;

(6)学会修改速冻食品企业的功能间布局图、设备布局图及周围环境图。

速冻食品生产

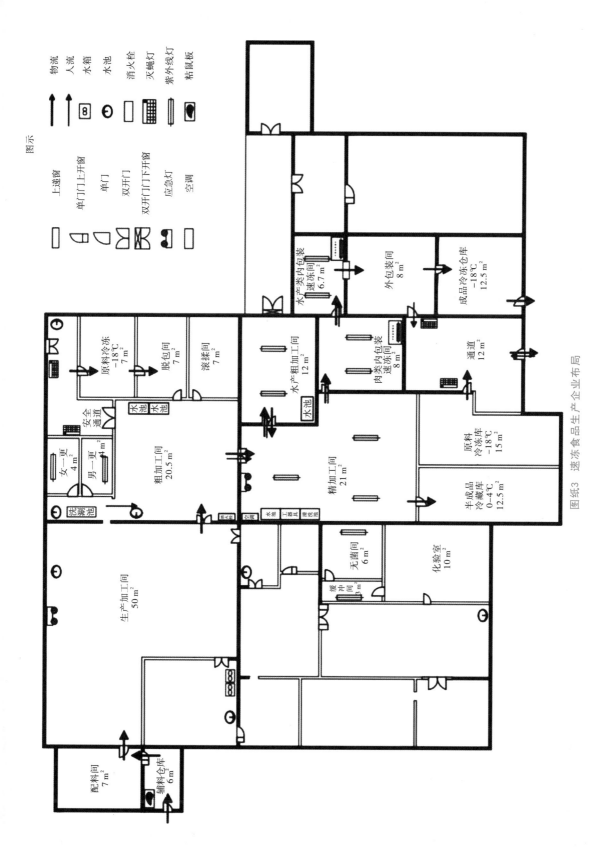

图纸3 速冻食品生产企业布局

任务实施

任务一：该企业生产的产品为速冻肉串、速冻肉丸、速冻鱼丸，请用工艺流程图来描述其工艺。

任务学习要点归纳：

任务二：结合企业图纸及《速冻食品生产许可证审查细则（2006 版）》，详细描述每个工艺的具体操作程序。

任务学习要点归纳：

任务三：该企业生产所需要的仪器设备及工具都有哪些？

任务学习要点归纳：

任务四：请对几种产品进行危害分析，列出危害分析表，再找出工艺流程中的关键控制点，并设计把控关键控制点的原始记录表格。

任务学习要点归纳：

任务五：该企业的申证单元是什么？需要做哪些出厂检验项目？都需要哪些检验设备、工具及试剂？

任务学习要点归纳：

任务六：该企业需要聘请哪些人员？这些人员都需要具备哪些能力和素质？画出组织结构图。

任务学习要点归纳：

任务七：图纸 3 有哪些不合理的地方，请改正之，并将修改后的图纸画出。要求：①不能改变厂房原来的形状；②将你认为速冻企业应该有的所有区域都加入图中；③请你将修改的项目以改建申请书的形式写给公司领导。

改建申请书

任务学习要点归纳：

项目 4

肉制品类食品生产企业市场准入

 学习目标

(1)熟悉食品生产许可现场审核的管理方法,会撰写和设计各类肉制品生产工艺流程、设备设施要求;

(2)掌握食品生产企业生产车间、库房、厂区及重点区域(供排水、清洁消毒、个人卫生设施、温控设施等)的环境要求;

(3)掌握食品生产企业原材料的要求和产品标准;

(4)掌握热加工熟肉制品和发酵肉制品的危害分析及关键控制点。

肉制品生产

肉制品生产设备

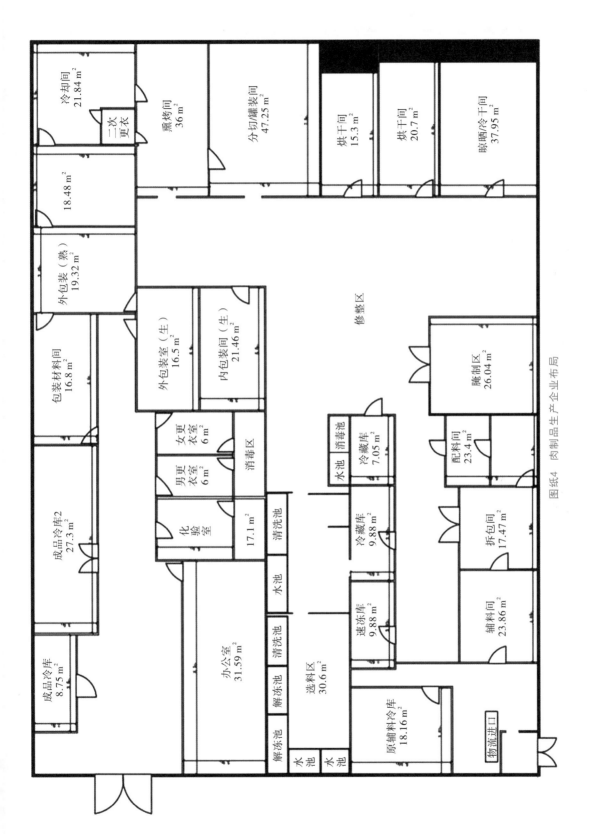

图纸4 肉制品生产企业布局

冷却间 21.84 m²

二次更衣

熏烤间 36 m²

分切罐装间 47.25 m²

烘干间 15.3 m²

烘干间 20.7 m²

晾晒/冷干间 37.95 m²

18.48 m²

外包装（熟）19.32 m²

包装材料间 16.8 m²

外包装室（生）16.5 m²

内包装间（生）21.46 m²

修整区

腌制区 26.04 m²

女更衣室 6 m²

男更衣室 6 m²

消毒区

化验室

17.1 m²

清洗池

水池

消毒池

消毒库 7.05 m²

配料间 23.4 m²

成品冷库2 27.3 m²

冷藏库 9.88 m²

拆包间 17.47 m²

清洗池

水池

办公室 31.59 m²

解冻池

速冻库 9.88 m²

辅料间 23.86 m²

成品冷库 8.75 m²

选料区 30.6 m²

解冻池

原辅料冷库 18.16 m²

水池

水池

物流进口

任务实施

任务一：根据图纸 4 画出该企业的工艺流程图［参考《肉制品生产许可审查细则（2023 版)》(附录 B)］，并标出该企业的人流与物流走向。

任务学习要点归纳：

任务二：请指出该车间布局有何不妥之处，并提出修改意见。

任务学习要点归纳：

任务三：该企业的产品想要从原产品改为速冻鸡腿、速冻鸡排和速冻香肠（生制），生产许可证的单元应该如何改变？并请画出改变后的工艺流程图。

任务学习要点归纳：

任务四：请对改动后的每个工艺流程进行危害分析，列出危害分析表，并提出针对各危害分析应该采取哪些控制措施。

任务学习要点归纳：

任务五：该企业改为速冻食品企业后，厂房需要如何修改？请画出修改后的厂区图。要求：①不能改变厂房原来的形状；②将你认为速冻企业应该有的所有区域都加入图中；③将没有作用的车间去掉；④请你将修改的项目以改建申请书的形式写给公司领导。

改建申请书

任务学习要点归纳：

任务六：根据修改后的图纸、流程等实际情况，结合《食品生产许可审查通则（2022 版）》和《肉制品生产许可审查细则（2023 版）》的要求，列出对每个房间（包括仓库、检验室、生产车间等）环境的要求。

任务学习要点归纳：

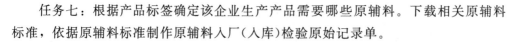

任务七：根据产品标签确定该企业生产产品需要哪些原辅料。下载相关原辅料标准，依据原辅料标准制作原辅料入厂（入库）检验原始记录单。

原辅料入厂（入库）检验单

任务学习要点归纳：

任务八：该企业生产产品都需要哪些原辅料？你认为这些原辅料应该到什么样的地方购买？应该如何保证买到的原辅料是安全的？

任务学习要点归纳：

项目 5

模拟食品生产许可证申请流程

 学习目标

(1)掌握食品生产许可证的申请流程和方法；

(2)学会准备和整理食品生产许可证申请材料；

(3)学会准备和配合食品生产许可现场审核。

食 品 生 产 许 可 证

生 产 者 名 称：　　　　　公司食品厂　　许 可 证 编 号：

社 会 信 用 代 码：　　　　069
（ 身 份 证 号 码 ）

法定代表人（负责人）：

住 　 　 所：

生 产 地 址：

食 品 类 别：

蔬菜制品、糕点

日常监督管理机构：　品药品监督管理局

日常监督管理人员：

投诉举报电话：12331

发 证 机 关：　　　品监督管理局

签 发 人：

2016 年 02 月 01 日

有 效 期 至　2021 年 01 月 31 日

国家食品药品监督管理总局监制

食品生产许可证（样例）

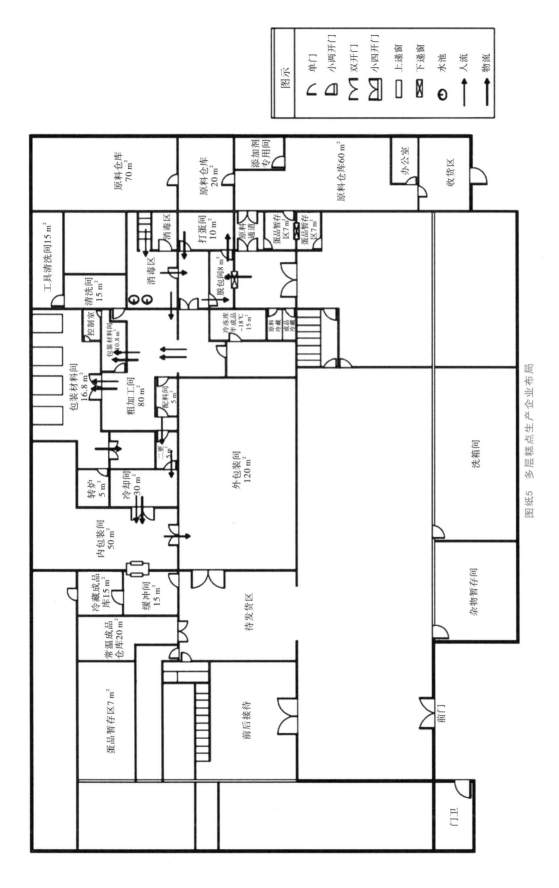

图纸5 多层糕点生产企业布局

图示

∩ 单门
⊔ 小两开门
⋈ 双开门
⋈ 小四开门
□ 上递窗
⊠ 下递窗
☉ 水池
→ 人流
→ 物流

任务实施

请帮助该企业完成食品生产许可证申请材料。申请产品为糕点（蒸煮类、油炸类）。

申请材料包括：

(1)申请书（网上填写）；

(2)工艺流程图；

(3)组织结构治理图；

(4)设备承诺书及清单；

(5)图纸(周围环境图、各功能间布局图、设备布局图)；

(6)产品标准相关内容。

工艺流程图

组织结构治理图

设备承诺书及清单

图纸

附录 A　食品生产许可审查通则(2022 版)

第一章　总　　则

第一条　为了加强食品、食品添加剂(以下统称食品)生产许可管理,规范食品生产许可审查工作,依据《中华人民共和国食品安全法》《中华人民共和国食品安全法实施条例》《食品生产许可管理办法》(以下简称《办法》)等法律法规、规章和食品安全国家标准,制定本通则。

第二条　本通则适用于市场监督管理部门组织对食品生产许可和变更许可、延续许可等审查工作。

第三条　食品生产许可审查包括申请材料审查和现场核查。

申请材料审查应当审查申请材料的完整性、规范性、符合性;现场核查应当审查申请材料与实际状况的一致性、生产条件的符合性。

第四条　本通则应当与相应的食品生产许可审查细则(以下简称审查细则)结合使用。使用地方特色食品生产许可审查细则开展食品生产许可审查的,应当符合《办法》第八条的规定。

对未列入《食品生产许可分类目录》和无审查细则的食品品种,县级以上地方市场监督管理部门应当依据《办法》和本通则的相关要求,结合类似食品的审查细则和产品执行标准制定审查方案(婴幼儿配方食品、特殊医学用途配方食品除外),实施食品生产许可审查。

第五条　法律、法规、规章和标准对食品生产许可审查有特别规定的,还应当遵守其规定。

第二章　申请材料审查

第六条　申请人应当具有申请食品生产许可的主体资格。申请材料应当符合《办法》规定,以电子或纸质方式提交。申请人应当对申请材料的真实性负责。

符合法定要求的电子申请材料、电子证照、电子印章、电子签名、电子档案与纸质申请材料、纸质证照、实物印章、手写签名或者盖章、纸质档案具有同等法律效力。

第七条　负责许可审批的市场监督管理部门(以下称审批部门)要求申请人提交纸质申请材料的,应当根据食品生产许可审查、日常监管和存档需要确定纸质申请材料的份数。

申请材料应当种类齐全、内容完整,符合法定形式和填写要求。

第八条　申请人有下列情形之一的，审批部门应当按照申请食品生产许可的要求审查：

（一）非因不可抗力原因，食品生产许可证有效期届满后提出食品生产许可申请的；

（二）生产场所迁址，重新申请食品生产许可的；

（三）生产条件发生重大变化，需要重新申请食品生产许可的。

第九条　申请食品生产许可的申请材料应当按照以下要求进行审查：

（一）完整性。

1. 食品生产许可的申请材料符合《办法》第十三条和第十四条的要求；

2. 食品添加剂生产许可的申请材料符合《办法》第十六条的要求。

（二）规范性。

1. 申请材料符合法定形式和填写要求，纸质申请材料应当使用钢笔、签字笔填写或者打印，字迹应当清晰、工整，修改处应当加盖申请人公章或者由申请人的法定代表人（负责人）签名；

2. 申请人名称、法定代表人（负责人）、统一社会信用代码、住所等填写内容与营业执照一致；

3. 生产地址为申请人从事食品生产活动的详细地址；

4. 申请材料应当由申请人的法定代表人（负责人）签名或者加盖申请人公章，复印件还应由申请人注明"与原件一致"；

5. 产品信息表中食品、食品添加剂类别，类别编号，类别名称，品种明细及备注的填写符合《食品生产许可分类目录》的有关要求。分装生产的，应在相应品种明细后注明。

（三）符合性。

1. 申请人具有申请食品生产许可的主体资格；

2. 食品生产主要设备、设施清单符合《办法》第十二条第（二）项和相应审查细则要求；

3. 食品生产设备布局图和食品生产工艺流程图完整、准确，布局图按比例标注，设备布局、工艺流程合理，符合《办法》第十二条第（一）项和第（四）项要求，符合相应审查细则和所执行标准要求；

4. 申请人配备专职或者兼职的食品安全专业技术人员和食品安全管理人员，符合相应审查细则要求，符合《中华人民共和国食品安全法》第一百三十五条的要求；

5. 食品安全管理制度清单内容符合《办法》第十二条第（三）项和相应审查细则要求。

第十条　申请人有下列情形之一，依法申请变更食品生产许可的，审批部门应当按照变更食品生产许可的要求审查：

（一）现有设备布局和工艺流程发生变化的；

（二）主要生产设备设施发生变化的；

（三）生产的食品类别发生变化的；

（四）生产场所改建、扩建的；

（五）其他生产条件或生产场所周边环境发生变化，可能影响食品安全的；

（六）食品生产许可证载明的其他事项发生变化，需要变更的。

第十一条 变更食品生产许可的申请材料应当按照以下要求审查：

（一）申请材料符合《办法》第三十三条要求；

（二）申请变更的事项属于本通则第十条规定的变更范畴；

（三）涉及变更事项的申请材料符合本通则第九条中关于规范性及符合性的要求。

第十二条 申请人依法申请延续食品生产许可的，审批部门应当按照延续食品生产许可的要求审查。

第十三条 延续食品生产许可的申请材料应当按照以下要求审查：

（一）申请材料符合《办法》第三十五条要求；

（二）涉及延续事项的申请材料符合本通则第九条中关于规范性及符合性的要求。

第十四条 审批部门对申请人提交的食品生产申请材料审查，符合有关要求不需要现场核查的，应当按规定程序作出行政许可决定。对需要现场核查的，应当及时作出现场核查的决定，并组织现场核查。

第三章 现场核查

第十五条 有下列情形之一的，应当组织现场核查：

（一）属于本通则第八条申请食品生产许可情形的；

（二）属于本通则第十条变更食品生产许可情形第一至五项，可能影响食品安全的；

（三）属于本通则第十二条延续食品生产许可情形的，申请人声明生产条件或周边环境发生变化，可能影响食品安全的；

（四）需要对申请材料内容、食品类别、与相关审查细则及执行标准要求相符情况进行核实的；

（五）因食品安全国家标准发生重大变化，国家和省级市场监督管理部门决定组织重新核查的；

（六）法律、法规和规章规定需要实施现场核查的其他情形。

第十六条 对下列情形可以不再进行现场核查：

（一）特殊食品注册时已完成现场核查的（注册现场核查后生产条件发生变化的除外）；

（二）申请延续换证，申请人声明生产条件未发生变化的。

第十七条 审批部门或其委托的下级市场监督管理部门实施现场核查前,应当组建核查组,制作并及时向申请人、实施食品安全日常监督管理的市场监督管理部门(以下称日常监管部门)送达《食品生产许可现场核查通知书》,告知现场核查有关事项。

第十八条 核查组由食品安全监管人员组成,根据需要可以聘请专业技术人员作为核查人员参加现场核查。核查人员应当具备满足现场核查工作要求的素质和能力,与申请人存在直接利害关系或者其他可能影响现场核查公正情形的,应当回避。

核查组中食品安全监管人员不得少于2人,实行组长负责制。实施现场核查的市场监督管理部门应当指定核查组组长。

第十九条 核查组应当确保核查客观、公正、真实,确保核查报告等文书和记录完整、准确、规范。

核查组组长负责组织现场核查、协调核查进度、汇总核查结论、上报核查材料等工作,对核查结论负责。

核查组成员对现场核查分工范围内的核查项目评分负责,对现场核查结论有不同意见时,及时与核查组组长研究解决,仍有不同意见时,可以在现场核查结束后1个工作日内书面向审批部门报告。

第二十条 日常监管部门应当派食品安全监管人员作为观察员,配合并协助现场核查工作。核查组成员中有日常监管部门的食品安全监管人员时,不再指派观察员。

观察员对现场核查程序、过程、结果有异议的,可在现场核查结束后1个工作日内书面向审批部门报告。

第二十一条 核查组进入申请人生产场所实施现场核查前,应当召开首次会议。核查组长向申请人介绍核查组成员及核查目的、依据、内容、程序、安排和要求等,并代表核查组作出保密承诺和廉洁自律声明。

参加首次会议人员包括核查组成员和观察员,以及申请人的法定代表人(负责人)或者其代理人、相关食品安全管理人员和专业技术人员,并在《食品、食品添加剂生产许可现场核查首次会议签到表》(附件1)上签名。

第二十二条 核查组应当依据《食品、食品添加剂生产许可现场核查评分记录表》(附件2)所列核查项目,采取核查场所及设备、查阅文件、核实材料及询问相关人员等方法实施现场核查。

必要时,核查组可以对申请人的食品安全管理人员、专业技术人员进行抽查考核。

第二十三条 现场核查范围主要包括生产场所、设备设施、设备布局和工艺流程、人员管理、管理制度及其执行情况,以及试制食品检验合格报告。

现场核查应当按照食品的类别分别核查、评分。审查细则对现场核查相关内容进行细化或者有特殊要求的，应当一并核查并在《食品、食品添加剂生产许可现场核查评分记录表》中记录。

对首次申请许可或者增加食品类别变更食品生产许可的，应当按照相应审查细则和执行标准的要求，核查试制食品的检验报告。申请变更许可及延续许可的，申请人声明其生产条件及周边环境发生变化的，应当就变化情况实施现场核查，不涉及变更的核查项目应当作为合理缺项，不作为评分项目。

现场核查对每个项目按照符合要求、基本符合要求、不符合要求 3 个等级判定得分，全部核查项目的总分为 100 分。某个核查项目不适用时，不参与评分，在"核查记录"栏目中说明不适用的原因。

现场核查结果以得分率进行判定。参与评分项目的实际得分占参与评分项目应得总分的百分比作为得分率。核查项目单项得分无 0 分项且总得分率≥85％的，该类别名称及品种明细判定为通过现场核查；核查项目单项得分有 0 分项或者总得分率＜85％的，该类别名称及品种明细判定为未通过现场核查。

第二十四条　根据现场核查情况，核查组长应当召集核查人员共同研究各自负责核查项目的得分，汇总核查情况，形成初步核查意见。

核查组应当就初步核查意见向申请人的法定代表人（负责人）通报，并听取其意见。

第二十五条　核查组对初步核查意见和申请人的反馈意见会商后，应当根据不同类别名称的食品现场核查情况分别评分判定，形成核查结论，并汇总填写《食品、食品添加剂生产许可现场核查报告》（附件3）。

第二十六条　核查组应当召开末次会议，由核查组长宣布核查结论。核查人员及申请人的法定代表人（负责人）应当在《食品、食品添加剂生产许可现场核查评分记录表》《食品、食品添加剂生产许可现场核查报告》上签署意见并签名、盖章。观察员应当在《食品、食品添加剂生产许可现场核查报告》上签字确认。

《食品、食品添加剂生产许可现场核查报告》一式两份，现场交申请人留存一份，核查组留存一份。

申请人拒绝签名、盖章的，核查组长应当在《食品、食品添加剂生产许可现场核查报告》上注明情况。

参加末次会议人员范围与参加首次会议人员相同，参会人员应当在《食品、食品添加剂生产许可现场核查末次会议签到表》（附件4）上签名。

第二十七条　因申请人的下列原因导致现场核查无法开展的，核查组应当向委派其实施现场核查的市场监督管理部门报告，本次现场核查的结论判定为未通过现场核查：

（一）不配合实施现场核查的；

（二）现场核查时生产设备设施不能正常运行的；

（三）存在隐瞒有关情况或者提供虚假材料的；

（四）其他因申请人主观原因导致现场核查无法正常开展的。

第二十八条　核查组应当自接受现场核查任务之日起5个工作日内完成现场核查，并将《食品、食品添加剂生产许可核查材料清单》（附件5）所列的相关材料上报委派其实施现场核查的市场监督管理部门。

第二十九条　因不可抗力原因，或者供电、供水等客观原因导致现场核查无法开展的，申请人应当向审批部门书面提出许可中止申请。中止时间原则上不超过10个工作日，中止时间不计入食品生产许可审批时限。

因自然灾害等原因造成申请人生产条件不符合规定条件的，申请人应当申请终止许可。

申请人申请的中止时间到期仍不能开展现场核查的，或者申请人申请终止许可的，审批部门应当终止许可。

第三十条　因申请人涉嫌食品安全违法被立案调查或者涉嫌食品安全犯罪被立案侦查的，审批部门应当中止食品生产许可程序。中止时间不计入食品生产许可审批时限。

立案调查作出行政处罚决定为限制开展生产经营活动、责令停产停业、责令关闭、限制从业、暂扣许可证件、吊销许可证件的，或者立案侦查后移送检察院起诉的，应当终止食品生产许可程序。立案调查作出行政处罚决定为警告、通报批评、罚款、没收违法所得、没收非法财物且申请人履行行政处罚的，或者立案调查、立案侦查作出撤案决定的，申请人申请恢复食品生产许可后，审批部门应当恢复食品生产许可程序。

第四章　审查结果与整改

第三十一条　审批部门应当根据申请材料审查和现场核查等情况，对符合条件的，作出准予食品生产许可的决定，颁发食品生产许可证；对不符合条件的，应当及时作出不予许可的书面决定并说明理由，同时告知申请人依法享有申请行政复议或者提起行政诉讼的权利。

现场核查结论判定为通过的婴幼儿配方食品、特殊医学用途配方食品申请人应当立即对现场核查中发现的问题进行整改，整改结果通过验收后，审批部门颁发食品生产许可证；申请人整改直至通过验收所需时间不计入许可时限。

第三十二条　作出准予食品生产许可决定的，审批部门应当及时将申请人的申请材料及相关许可材料送达申请人的日常监管部门。

第三十三条　现场核查结论判定为通过的，申请人应当自作出现场核查结论之日起1个月内完成对现场核查中发现问题的整改，并将整改结果向其日常监管部门书面报告。

因不可抗力原因，申请人无法在规定时限内完成整改的，应当及时向其日常监管部门提出延期申请。

第三十四条　申请人的日常监管部门应当在申请人取得食品生产许可后3个月内对获证企业开展一次监督检查。对已实施现场核查的企业，重点检查现场核查中发现问题的整改情况；对申请人声明生产条件未发生变化的延续换证企业，重点检查生产条件保持情况。

第五章　附　则

第三十五条　申请人的试制食品不得作为食品销售。

第三十六条　特殊食品生产许可审查细则另有规定的，从其规定。

第三十七条　省级市场监督管理部门可以根据本通则，结合本区域实际情况制定有关食品生产许可管理文件，补充、细化《食品、食品添加剂生产许可现场核查评分记录表》《食品、食品添加剂生产许可现场核查报告》。

第三十八条　本通则由国家市场监督管理总局负责解释。

第三十九条　本通则自2022年11月1日起施行。原国家食品药品监督管理总局2016年8月9日发布的《食品生产许可审查通则》同时废止。

附件：1. 食品、食品添加剂生产许可现场核查首次会议签到表
　　　2. 食品、食品添加剂生产许可现场核查评分记录表
　　　3. 食品、食品添加剂生产许可现场核查报告
　　　4. 食品、食品添加剂生产许可现场核查末次会议签到表
　　　5. 食品、食品添加剂生产许可核查材料清单

附件1

食品、食品添加剂生产许可现场核查
首次会议签到表

申请人名称				
会议时间	年　月　日　时　分至　时　分			
会议地点				
核查组	组长			
	成员			
	观察员			
申请人参加首次会议的人员签名				
签名	职务		签名	职务
备注				

附件2

食品、食品添加剂生产许可现场核查评分记录表

申请人名称：＿＿＿＿＿＿＿＿＿＿＿＿＿＿＿＿＿＿＿＿

食品、食品添加剂类别及类别名称：＿＿＿＿＿＿＿＿＿＿

生产场所地址：＿＿＿＿＿＿＿＿＿＿＿＿＿＿＿＿＿＿

核查日期：＿＿＿＿＿年＿＿＿＿＿月＿＿＿＿＿日

	姓名(签名)	单位	职务	核查分工
核查组成员			组长	
			组员	
			组员	

使用说明

1. 本记录表依据《中华人民共和国食品安全法》及其实施条例、《食品生产许可管理办法》等法律法规、规章以及相关食品安全国家标准的要求制定。

2. 本记录表应当结合相应食品生产许可审查细则要求使用。

3. 本记录表包括生产场所(18分)、设备设施(36分)、设备布局和工艺流程(9分)、人员管理(9分)、管理制度(27分)以及试制食品检验合格报告(1分)六部分,共 34 个核查项目。

4. 核查组应当按照核查项目规定的核查内容及评分标准核查评分,并将发现的问题详实地记录在"核查记录"栏目中。

5. 现场核查评分原则:现场核查评分标准分为符合要求、基本符合要求、不符合要求。符合要求,是指现场核查情况全部符合"核查内容"要求,得 3 分;基本符合要求,是指现场核查发现的问题属于个别、轻微或偶然发生,不会对食品安全产生严重影响,可在规定时间内通过整改达到食品安全要求的,得 1 分;不符合要求,是指现场核查发现的问题属于申请人内部普遍、严重、系统性或区域性缺陷,可能影响食品安全的,得 0 分。

试制食品检验报告核查判定得分为 1 分、0.5 分和 0 分。

6. 现场核查结论判定原则:核查项目单项得分无 0 分且总得分率≥85%的,该类别名称及品种明细判定为通过现场核查。

当出现以下两种情况之一时,该类别名称及品种明细判定为未通过现场核查:

(1)有一项及以上核查项目得 0 分的;

(2)核查项目总得分率<85%的。

7. 某个核查项目不适用时,不参与评分,并在"核查记录"栏目中说明不适用的原因。

一、生产场所（共18分）

序号	核查项目	核查内容	评分标准	核查得分	核查记录
1.1	厂区要求	1.厂区不应选择对食品有显著污染的区域。厂区周围无虫害大量孳生的潜在场所，无有害废弃物以及粉尘、有害气体、放射性物质和其他扩散性污染源。各类污染源难以避开时应当有必要的防护措施，能有效清除污染源影响。现场提供的《食品生产加工场所周围环境平面图》与实际一致。	符合规定要求。	3	
			有污染源防范措施，效果不明显，可通过改善防范措施有效清除污染源造成的影响。现场提供的平面图与实际不一致。	1	
			无污染源防范措施，或者污染源防范措施无效果。	0	
		2.厂区环境整洁，无扬尘或积水现象。现场提供的《食品生产加工场所平面图》与实际一致。生活区与生产作业区、辅助生产区保持适当距离或分隔，防止交叉污染。厂区道路应当采用硬质材料铺设。厂区绿化应当与生产车间保持适当距离，植被应当定期维护，防止虫害孳生。	符合规定要求。	3	
			厂区环境、布局、功能区划分、绿化带位置及维护等略有不足。现场提供的平面图与实际不一致。	1	
			厂区环境不整洁；生活区与生产区未保持适当分隔或存在交叉污染。	0	
1.2	厂房和车间	1.应当具有与生产的产品品种、数量相适应的厂房和车间，并根据生产工艺及清洁度的要求合理布局和划分作业区；厂房内设置的检验室应当与生产区域分隔。现场提供的《食品生产加工场所各功能区间布局平面图》与实际一致。	符合规定要求。	3	
			厂房布局和划分存在轻微缺陷。现场提供的平面图与实际不一致。	1	
			厂房面积与空间不能满足生产需求，或者作业区间未合理分区，或者检验室未与生产区域分隔。	0	
		2.车间保持清洁，顶棚、墙壁、门窗和地面应当采用无毒、无味、防渗透、防霉、不易破损脱落的材料建造，结构合理，易于清洁；裸露食品上方的管路应当有防止灰尘散落及水滴直接滴落的措施；门窗应当严密；地面应当平整防滑、无积水、无裂缝。	符合规定要求。	3	
			车间清洁程度以及顶棚、墙壁、地面和门窗或者相关防护措施略有不足。	1	
			严重不符合规定要求。	0	

续表

序号	核查项目	核查内容	评分标准	核查得分	核查记录
1.3	库房要求	1. 应当具有与所生产产品的数量、贮存要求相适应的,与《食品生产许可证》《食品生产加工场所各功能区间布局平面图》中标注的库房一致。库房整洁,地面平整,易于维护、清洁,防止虫害侵入和藏匿,必要时库房应当设置相适应的温度、湿度控制等设施。	符合规定要求。	3	
			库房整洁程度或者相关设施略有不足,实际库房与平面图标注不一致。	1	
			严重不符合规定要求。	0	
		2. 原料、半成品、成品、包装材料等应当依据性质的不同分设库房或分区存放。消毒剂、杀虫剂、润滑剂、燃料等物料应当分别安全包装,包装材料应当分类放置。原料、半成品、成品、包装材料等与墙壁、地面保持适当距离,并明确标识,防止交叉污染。	符合规定要求。	3	
			物料存放或者标识略有不足。	1	
			原料、成品、包装材料、清洁剂、消毒剂、杀虫剂、润滑剂、燃料未隔离存放;物料无标识或标识混乱。	0	

二、设备设施(共36分)

序号	核查项目	核查内容	评分标准	核查得分	核查记录
2.1	生产设备	1. 应当配备与生产的产品品种、数量相应的生产设备,设备的性能和精度应当满足生产加工的要求。	符合规定要求。	3	
			个别设备的性能和精度有不足。	1	
			生产设备不能满足生产加工要求。	0	
		2. 生产设备清洁卫生、工器具材质,直接接触原料、半成品、成品的设备、工器具材质应当无毒、无味,不易腐蚀,不易脱落,表面光滑,无吸收性,易于清洁保养和消毒。	符合规定要求。	3	
			设备清洁卫生程度或者设备材质略有不足。	1	
			严重不符合规定要求。	0	
		3. 生产设备维修保养良好,控制、记录的设备应当定期校准、维护。停用的设备需标注清晰,不影响正常生产。	符合规定要求。	3	
			维修保养、记录有不足,或者个别监测设备未校准。	1	
			无维修保养记录,或者监测设备无法满足规定要求。	0	

续表

序号	核查项目	核查内容	评分标准	核查得分	核查记录
2.2	供水排水设施	1. 食品加工用水的水质应当符合 GB 5749 的规定，有特殊要求的应当符合相应规定。食品加工用水应当与其他不与食品接触的用水应当以完全分离的管路输送，避免交叉污染。各管路系统应当明确标识以便区分。	符合规定要求。	3	
			供水管路标识略有不足。	1	
			食品加工用水的水质不符合规定要求，或者供水管路无标识或标识混乱，或者供水管路存在交叉污染。	0	
		2. 排水系统的设计和建造应当保证排水畅通，便于清洁维护，且满足生产的需要。室内排水应当由高清洁程度的区域流向低的区域。清洁、消毒方式应当避免污染设施、工器具和设备等的专用清洁消毒设备对产品造成交叉污染，使用的洗涤剂、消毒剂应当符合相关规定要求。	符合规定要求。	3	
			排水略有不畅，或者相关防护措施略有不足。	1	
			排水不畅，或者室内排水流向不符合要求，或者相关防护措施严重不足。	0	
2.3	清洁消毒设施	应当配备相应的食品、工器具和设备等的专用清洁设施，必要时配备相应的消毒设施。清洁、消毒方式应当避免对产品造成交叉污染，使用的洗涤剂、消毒剂应当符合相关规定要求。	符合规定要求。	3	
			清洁消毒设施略有不足。	1	
			清洁消毒设施严重不足，或者清洁消毒的方式、用品不符合规定要求。	0	
2.4	废弃物存放设施	应当配备相应的专用设施，防止渗漏、易于清洁的存放废弃物的设施，必要时设置可设置废弃物存放设施。车间内存放临时存放时应当标识清晰，不得与盛装原料、半成品、成品的容器混用。	符合规定要求。	3	
			废弃物存放设施及标识略有不足。	1	
			废弃物存放设施设计不合理，或者与盛装原料、半成品、成品的容器混用。	0	

续表

序号	核查项目	核查内容	评分标准	核查得分	核查记录
2.5	个人卫生设施	生产场所或车间入口处应当设置更衣室，更衣室应当保证工作服与个人服装及其他物品分开放置；车间入口及车间内必要处，应当按需设置换鞋（或穿戴鞋套）设施或鞋靴消毒设施。清洁作业区入口应当设置与生产加工人员数量相匹配的非手动式洗手、干手和消毒设施；洗手设施的材质、结构应当易于清洁消毒，临近位置应当标示洗手方法。卫生间不得与生产、包装或贮存等区域直接连通、卫生间内的适当位置应当设置洗手设施。	符合规定要求。	3	
			个人卫生设施略有不足。	1	
			个人卫生设施严重不符合要求。	0	
2.6	通风设施	应当具有适宜的通风设施，避免空气从清洁程度要求低的作业区域向清洁程度要求高的作业区域流动。必要时应当安装除尘设施。通风设施应当易于清洁、维修或更换，能防止虫害侵入。	符合规定要求。	3	
			通风设施略有不足。	1	
			通风设施严重不足，或者不能满足必要的空气过滤净化、除尘、防止虫害侵入的需求。	0	
2.7	照明设施	厂房内应当有充足的自然采光或人工照明，光泽和亮度应能满足生产和操作需要，光源应能使物料呈现真实的颜色。在暴露原料、半成品、成品正上方的照明应当使用安全型或具有防护措施的照明设施；如需要，还应当配备应急照明设施。	符合规定要求。	3	
			照明设施或者防护措施略有不足，光泽和亮度显不足，或改变物料真实颜色。	1	
			照明设施或者防护措施严重不足。	0	
2.8	温控设施	应当根据生产的需要，配备适宜的加热、冷却、冷冻以及用于监测温度和控制室温的设施。	符合规定要求。	3	
			温控或监测设施略有不足。	1	
			温控或监测设施严重不足。	0	

续表

序号	核查项目	核查内容	评分标准	核查得分	核查记录
2.9	检验设备设施	自行检验部分自行检验的，应当具备与所检项目相适应的检验室、检验仪器设备和检验试剂。检验室布局应当合理，检验仪器设备的数量、性能、精度应当满足相应的检验需求。检验仪器设备应当按期检定或校准。	符合规定要求。	3	
			检验室布局略有不合理，或者检验仪器设备性能略有不足，或者个别检验仪器设备未按期检定或校准。	1	
			检验室布局不合理，或者检验仪器设备数量、性能、精度不能满足检验需求，或者检验仪器设备未检定或校准。	0	

三、设备布局和工艺流程（共9分）

序号	核查项目	核查内容	评分标准	核查得分	核查记录
3.1	设备布局	生产设备应当按照工艺流程有序排列，合理布局，便于清洁、消毒和维修保养，避免交叉污染。	符合规定要求。	3	
			个别设备布局不合理。	1	
			设备布局存在交叉污染。	0	
3.2	工艺流程	1.应当具备合理的生产工艺流程，防止生产过程中造成交叉污染。申请的食品类别、产品品种、工艺流程应当与产品执行标准相适应。执行企业标准的，应当依法备案或公开。食品添加剂生产使用的原料和应执行食品安全国家标准规定，应符合食品添加剂食品安全国家标准规定。	符合规定要求。	3	
			个别工艺流程不合理。	1	
			工艺流程存在交叉污染，或者工艺流程、原料不符合产品执行标准的规定，或者企业标准未依法备案或公开。	0	
		2.应当制定所需的产品配方、工艺规程等工艺文件，明确生产过程中的食品安全关键环节和控制措施。生产食品添加剂时，产品命名、标签和说明书及复配食品添加剂配方、有害物质、致病性微生物等要求应当符合食品安全国家标准规定。	符合规定要求。	3	
			工艺文件略有不足。	1	
			工艺文件严重不足，或者生产复配食品添加剂的相关控制要求不符合食品安全标准的规定。	0	

四、人员管理（共 9 分）

序号	核查项目	核查内容	评分标准		核查得分	核查记录
4.1	人员要求	应当配备专职或兼职食品安全管理人员和食品安全专业技术人员，明确其职责。人员要求应当符合有关规定。	符合规定要求。		3	
			人员职责不太明确，或者个别人员不符合规定要求。		1	
			相关人员配备不足，或者人员不符合规定要求。		0	
4.2	人员培训	应当制定和实施职工培训计划，根据岗位需求开展食品安全知识及卫生培训，做好培训记录。食品安全管理人员上岗前应当经过培训，并考核合格。	符合规定要求。		3	
			培训计划及计划实施、培训记录略有不足。		1	
			无培训计划，或计划实施严重不足，或无培训记录。		0	
4.3	人员健康管理制度	应当建立并执行从业人员健康管理制度，明确患有国务院卫生行政部门规定的有碍食品安全疾病的或有明显皮肤损伤未愈合的人员，不得从事接触直接入口食品的工作。从事接触直接入口食品生产的人员应当每年进行健康检查，取得健康证明后方可上岗工作。	符合规定要求。		3	
			制度内容或执行略有缺陷。		1	
			无制度或者制度执行严重不足。		0	

五、管理制度（共 27 分）

序号	核查项目	核查内容	评分标准	核查得分	核查记录
5.1	采购管理及进货查验记录	应当建立并执行采购管理制度、规定食品原料、食品添加剂、食品相关产品的采购要求。采购时，对无法提供合格证明的食品原料，应当按照食品安全标准及产品执行标准进行检验。应当建立并执行进货查验记录制度，记录采购的食品原料、食品添加剂、食品相关产品的名称、规格、数量、生产日期或者生产批号、保质期、进货日期以及供货者名称、地址、联系方式等信息，保存相关记录和凭证。	符合规定要求。	3	
			制度内容或执行略有不足。	1	
			制度内容或执行严重不足。	0	
5.2	生产过程控制	应当建立并执行生产过程控制制度、制定所需的操作规程或作业指导书，生产关键环节（如生产工序、设备、贮存、包装等）控制的相关要求、防止交叉污染，并记录产品的加工过程（包括工艺参数、环境监测等）。明确原料（如领料、投料）余料管理。	符合规定要求。	3	
			个别制度内容或执行略有不足。	1	
			制度内容或执行严重不足。	0	
5.3	检验管理及出厂检验记录	应当建立并执行检验管理制度，规定产品出厂检验以及产品留样等要求，综合考虑产品特性、工艺特点、原料控制等因素，明确规定出厂检验项目、检验方法。生产复配食品添加剂的，还应当明确规定各种食品添加剂的含量和检验方法。委托有资质的机构进行检验。应当建立并执行产品出厂检验记录制度，查验出厂产品的安全状况和检验合格证明，记录产品的名称、规格、数量、生产日期或者生产批号、检验合格证明编号、销售日期以及购货者名称、地址、联系方式等信息，保存相关记录和凭证。	符合规定要求。	3	
			制度内容或执行略有不足。	1	
			制度内容或执行严重不足。	0	

续表

序号	核查项目	核查内容	评分标准	核查得分	核查记录
5.4	运输和交付管理	应当建立并执行运输和交付管理制度，规定根据产品品特点、贮存要求，运输条件选择适宜的运输方式，并做好交付记录。委托运输的，应当对受托方的食品安全保障能力进行审核。	符合规定要求。	3	
			制度内容或执行略有不足。	1	
			制度内容或执行严重不足。	0	
5.5	食品安全追溯管理	应当建立并执行食品安全追溯管理体系，记录并保存法律、法规及标准规定的信息，保证产品可追溯。	符合规定要求。	3	
			管理体系或执行略有不足。	1	
			管理体系或执行严重不足。	0	
5.6	食品安全自查	应当建立并执行食品安全自查制度，规定对食品安全状况进行定期检查评价，并根据评价结果采取相应的处理措施。有发生食品安全事故潜在风险的，应当立即停止食品生产活动，并向所在地县级市场监督管理部门报告。	符合规定要求。	3	
			制度内容或执行略有不足。	1	
			制度内容或执行严重不足。	0	
5.7	不合格品管理及不安全食品召回	应当建立并执行不合格品管理制度，规定原料、半成品、成品中不合格产品的管理要求和处置措施。应当建立并执行不安全食品召回制度，规定停止生产、通知相关生产经营者和消费者，召回和处置不安全食品的相关要求，记录召回和通知情况。	符合规定要求。	3	
			制度内容或执行略有不足。	1	
			制度内容或执行严重不足。	0	
5.8	食品安全事故处置	应当建立食品安全事故处置方案，规定食品安全事故处置措施及向事故发生地县级市场监督管理部门和卫生行政部门报告的要求。	符合规定要求。	3	
			方案内容或执行略有不足。	1	
			方案内容或执行严重不足。	0	

续表

序号	核查项目	核查内容	评分标准	核查得分	核查记录
5.9	其他	应当按照相关法律法规、食品安全标准以及审查细则规定，建立并执行其他保障食品安全的管理制度。	符合规定要求。	3	
			个别制度内容或执行略有不足。	1	
			制度内容或执行严重不足。	0	

六、试制食品检验合格报告（共1分）

序号	核查项目	核查内容	评分标准	核查得分	核查记录
6.1	试制食品检验合格报告	应当提交符合产品执行的食品安全标准、产品标准，审查细则和国务院卫生行政部门相关公告规定的试制食品检验合格报告。	符合规定要求。	1	
			非食品安全标准规定的检验项目不全。	0.5	
			无检验合格报告，或者食品安全标准规定的检验项目不全。	0	

• 77 •

附件3

食品、食品添加剂生产许可现场核查报告

根据《食品生产许可审查通则》及_____、_____、_____生产许可审查细则，核查组于_____年___月___日至_____年___月___日对(申请人名称)_____进行了现场核查，结果如下：

一、现场核查结论

(一)现场核查正常开展，经综合评价，本次现场核查的结论是：

序号	食品、食品添加剂类别	类别名称	品种明细	执行标准及标准编号	核查结论
1					
2					
……					

(二)因申请人的下列原因导致现场核查无法正常开展，本次现场核查的结论判定为未通过现场核查：

□不配合实施现场核查；

□现场核查时生产设备设施不能正常运行；

□存在隐瞒有关情况或提供虚假申请材料；

□因申请人的其他主观原因：_____。

(三)因下列原因导致现场核查无法正常开展，中止现场核查：

□因不可抗力或其他客观原因：_____；

□因申请人涉嫌食品安全违法被立案调查或者涉嫌食品安全犯罪被立案侦查。

核查组组长签名： 申请人意见：

组员签名：

观察员签名： 申请人签名(盖章)：

年　月　日 年　月　日

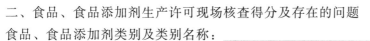 食品生产许可审查通则（2022版）

二、食品、食品添加剂生产许可现场核查得分及存在的问题

食品、食品添加剂类别及类别名称：＿＿＿＿＿＿＿＿＿＿＿＿＿＿＿＿＿＿

核查范围	核查项目分数	实际得分
生产场所	（分）	（分）
设备设施	（分）	（分）
设备布局和工艺流程	（分）	（分）
人员管理	（分）	（分）
管理制度	（分）	（分）
试制食品检验合格报告	（分）	（分）
总分：	（分）	（分）
核查得分率：＿＿＿＿＿％；单项得分为0分的共＿＿＿＿＿项		
现场核查发现的问题		
核查项目序号	问题描述	

核查组组长签名：　　　　　　　　　　申请人意见：

组员签名：

观察员签名：　　　　　　　　　　　　申请人签名（盖章）：
　　年　　月　　日　　　　　　　　　　年　　月　　日

注：1. 申请人申请多个类别名称的，应当按照类别名称分别填写核查得分及存在的问题。

2."现场核查发现的问题"应当详细描述申请人扣分情况；核查结论为"通过"的类别名称，如有整改项目，应当在报告中注明；核查结论为"未通过"的类别名称，应当注明否决项目；对于无法正常开展现场核查的，应当注明具体原因。

3. 现场核查报告一式两份，申请人、核查组各留存一份。

4. 现场核查结论为"通过"的，申请人应当自作出现场核查结论之日起1个月内完成现场核查中发现问题的整改，并将整改结果向日常监管部门书面报告。

附件 4

食品、食品添加剂生产许可现场核查
末次会议签到表

申请人名称				
会议时间		年 月 日 时 分至 时 分		
会议地点				
核查组	组长			
	成员			
	观察员			
申请人参加末次会议的人员签名				
签名	职务		签名	职务
备注				

附件 5

食品、食品添加剂生产许可核查材料清单

1.《食品生产许可申请书》及其随附材料；

2. 食品生产加工场所周围环境平面图；

3. 食品生产加工场所平面图；

4. 食品生产加工场所各功能区间布局平面图；

5.《食品生产许可现场核查通知书》；

6.《食品、食品添加剂生产许可现场核查首次会议签到表》；

7.《食品、食品添加剂生产许可现场核查末次会议签到表》；

8.《食品、食品添加剂生产许可现场核查评分记录表》；

9.《食品、食品添加剂生产许可现场核查报告》；

10. 产品执行非食品安全国家标准的标准文本；

11. 试制食品检验报告；

12. 许可机关要求提交的其他材料。

附录 B　肉制品生产许可审查细则(2023 版)

第一章　总　则

第一条　为了加强肉制品生产许可审查工作,依据《中华人民共和国食品安全法》《中华人民共和国食品安全法实施条例》《食品生产许可管理办法》及相关食品安全国家标准等规定,制定《肉制品生产许可审查细则(2023 版)》(以下简称《细则》)。

第二条　本《细则》适用于肉制品生产许可审查工作,应结合《食品生产许可审查通则》使用。

第三条　本《细则》所称肉制品,是指以畜、禽产品为主要原料,经腌、腊、卤、酱、蒸、煮、熏、烤、烘焙、干燥、油炸、发酵、调制等工艺加工制作的产品。包括热加工熟肉制品、发酵肉制品、预制调理肉制品、腌腊肉制品和可食用动物肠衣。

第四条　热加工熟肉制品,是指以畜、禽产品为主要原料,经酱、卤、熏、烧、烤、蒸、煮、炸等工艺加工制作的熟肉制品。热加工熟肉制品生产许可类别编号 0401,包括:酱卤肉制品、熏烧烤肉制品、热加工肉灌制品、油炸肉制品、熟肉干制品及其他热加工熟肉制品。

(一)酱卤肉制品,是指以畜、禽产品为主要原料,以水为加热介质,经酱制、卤制、煮制等工艺加工制作的熟肉制品。包括:酱卤肉、糟肉、白煮肉、其他酱卤肉。

酱卤肉是指以畜、禽产品为主要原料,在加有食用盐、酱油、香辛料等的水中,经预煮、浸泡、烧煮、酱制、卤制等工艺加工制作的熟肉制品。

糟肉是指以畜、禽产品为主要原料,用酒糟或陈年香糟代替酱汁或卤汁加工制作的熟肉制品。白煮肉是指以畜、禽产品为主要原料,在添加或不添加食用盐、香辛料的水中煮熟的肉制品。

(二)熏烧烤肉制品,是指以畜、禽产品为主要原料,经腌、煮等前处理工序,再以烟气、热空气、火苗、热固体等介质进行熏烧、焙烤等工艺加工制作的熟肉制品。包括:熏烤肉、烧烤肉、肉脯。

(三)热加工肉灌制品,是指以畜、禽产品为主要原料,经修整、注射、绞碎、腌制、搅拌、斩拌、滚揉、乳化、填充、烘烤、蒸煮、冷却等工艺加工制作的熟肉制品。包括:西式火腿、灌肠、其他热加工肉灌制品。其中西式火腿仅以畜、禽肉为主要原料。

(四)油炸肉制品,是指以畜、禽产品为主要原料,经调味、裹浆、裹粉后,用食用油高温烹炸、浇淋制作的熟肉制品。

（五）熟肉干制品，是指以畜、禽产品为主要原料，经修整、切丁、切片、切条、腌制、蒸煮、调味、收汤、干燥等工艺加工制作的熟肉制品。包括：肉松、肉干、其他熟肉干制品。

（六）其他热加工熟肉制品，是指以畜、禽产品为主要原料，配以其他原料、食品添加剂等，上述五类生产加工工艺不能涵盖的热加工熟肉制品。

第五条 发酵肉制品，是指以畜、禽产品为主要原料，添加或不添加发酵剂，配以食用盐等其他原料，通过微生物发酵和(或)酶的作用，发酵成熟的可即食肉制品。发酵肉制品生产许可类别编号0402，包括：发酵肉灌制品、发酵火腿制品及其他发酵肉制品。

（一）发酵肉灌制品，是指以畜肉为主要原料，经修整、切丁、绞碎、斩拌、腌制、灌装、发酵、干燥、烟熏、切片等工艺加工制作的可即食肉制品。

（二）发酵火腿制品，是指以猪腿为原料，经修整、腌制、发酵、干燥、烟熏、切片等工艺加工制作的可即食肉制品。

（三）其他发酵肉制品，是指以畜、禽产品为主要原料，经修整、切丁、切片、切条、腌制、灌装、发酵等工艺加工制作的可即食肉制品。

第六条 预制调理肉制品，是指以畜、禽产品为主要原料，经分割、修整，添加调味品等其他原料经相关工艺加工制作的生制品；或以畜、禽产品为主要原料，经分割、修整，不添加其他原料，经热加工制作的生制品。预制调理肉制品生产许可类别编号0403，包括：冷藏预制调理肉制品和冷冻预制调理肉制品。

（一）冷藏预制调理肉制品，是指需要在0-4℃条件下贮存、运输的预制调理肉制品。

（二）冷冻预制调理肉制品，是指需要在-18℃以下条件贮存、运输的预制调理肉制品。

第七条 腌腊肉制品，是指以畜、禽产品为主要原料，经腌制、烘干、晒干、风干等工艺加工制作的非即食肉制品。腌腊肉制品生产许可类别编号0404，包括：腌腊肉灌制品、腊肉制品、火腿制品、其他腌腊肉制品。

（一）腌腊肉灌制品，是指以畜、禽产品为主要原料，经切碎、绞碎、搅拌、腌制、充填、成型、烘干、晒干、风干、烟熏等工艺加工制作的非即食肉制品。

（二）腊肉制品，是指以畜、禽产品为主要原料，经腌制、烘干、晒干、风干、烟熏等工艺加工制作的非即食肉制品。

（三）火腿制品，是指以猪后腿为主要原料，配以其他原料、食品添加剂，经修整、腌制、洗刷脱盐、风干发酵等工艺加工制作的非即食肉制品。

（四）其他腌腊肉制品，是指以畜、禽产品为主要原料，配以其他原料、食品添加剂，经腌制等工艺加工制作，与上述三类产品不同的非即食肉制品。

第八条 可食用动物肠衣生产许可类别编号0405，包括：天然肠衣和胶原蛋白肠衣。

（一）天然肠衣，是指以健康牲畜的小肠、大肠和膀胱等器官为原料，经过刮制、去油等特殊加工，对保留的部分进行盐渍或干制的动物组织，用于肉制品的衣膜。主要包括：盐渍肠衣和干制肠衣。

（二）胶原蛋白肠衣，是指以猪、牛真皮层的胶原蛋白纤维为原料，经化学和机械处理，制成胶原"团状物"，再经挤压、充气成型、干燥、加热定型等工艺制成的可食用人造肠衣。主要包括：卷绕肠衣、套缩肠衣和分段肠衣等。

第九条 本《细则》引用的标准、文件应采用最新版本（包括标准修改单）。

第二章 生产场所

第十条 厂区、厂房和车间、库房要求应符合《食品安全国家标准 食品生产通用卫生规范》（GB 14881）中生产场所相关规定。

第十一条 企业应根据产品特点及工艺要求设置相应的生产场所。常规生产场所见表1。

表1 肉制品常规生产场所

产品类别名称	常规生产场所
热加工熟肉制品	一般包括生料加工区（原料解冻、选料、修整、配料、绞碎、滚揉、腌制、成型或填充等）、热加工区、熟料加工区（冷却、包装等）及仓库等。
发酵肉制品	一般包括生料加工区（原料解冻、选料、修整、配料、绞碎、腌制、成型或灌装等）、发酵间、熟料加工区（后处理、包装等）及仓库等。
预制调理肉制品	一般包括原料处理区（原料解冻、选料、修整等）、配料区、加工区（绞碎、滚揉、腌制、加热、冻结等）、包装区及仓库等。
腌腊肉制品	一般包括原料处理区（原料解冻、选料、修整等）、配料区、腌制成型区（滚揉、腌制、成型或灌装等）、晾晒干制区（晾挂、烟熏等）、包装区及仓库等。
可食用动物肠衣	一般包括原料加工区（天然肠衣：原料处理、浸泡冲洗、刮制、量码上盐等；胶原蛋白肠衣：原料切割、酸碱处理、切片、研磨搅拌、过滤等）、成品加工区（天然肠衣：浸洗、拆把、分路定级、上盐、缠把、包装等；胶原蛋白肠衣：挤压、充气成型、干燥固化、熟化、包装等）及仓库等。

注：本表所列场所为常规生产场所，企业可根据产品特点及工艺要求设置、调整。

第十二条 生产车间应具有足够空间和高度，满足设备设施安装与维修、生产作业、卫生清洁、物料转运、采光与通风及卫生检查的需要。

第十三条 生产车间应与厂区污水、污物处理设施分开并间隔适当距离。

第十四条 生产车间内应设置专门区域存放加工废弃物。

第十五条 生产车间应与易产生粉尘的场所（如锅炉房）间隔一定距离，并设在主导风向的上风向位置，难以避开时应采取必要的防范措施。

第十六条 生产车间应按生产工艺、卫生控制要求有序合理布局，根据生产流程、操作需要和清洁度要求进行分离或分隔，避免交叉污染。生产车间划分为清洁作业区、准清洁作业区和一般作业区，不同生产作业区之间应采取有效分离或分隔。各生产作业区应有显著的标识加以区分。肉制品生产作业区划分要求见表2。

表2 肉制品生产作业区划分

产品类别名称	一般作业区	准清洁作业区	清洁作业区
热加工熟肉制品	原料仓库、包材仓库、外包装车间、成品仓库等。	预处理车间、配料间、腌制间、热加工区、脱包区等。	冷却间、内包装车间、以及有特殊清洁要求的辅助区域（如脱去外包装且经过消毒后的内包材暂存间等）。
发酵肉制品	原料仓库、包材仓库、外包装车间、成品仓库等。	预处理车间、配料间、腌制间、发酵/风干间、脱包区等。	后处理车间、内包装车间、以及有特殊清洁要求的辅助区域（如发酵后的烟熏间、裸露的待包装产品贮存区、脱去外包装且经过消毒后的内包材暂存间等）。
预制调理肉制品	原料仓库、包材仓库、外包装车间、成品仓库等。	预处理车间、配料间、腌制间、热处理车间、冻结间、内包装车间、脱包区等。	/
腌腊肉制品	原料仓库、包材仓库、外包装车间、成品仓库等。	预处理车间、配料间、腌制间、晾挂间、热处理车间、内包装车间、脱包区等。	/
可食用动物肠衣	原料仓库、包材仓库、外包装车间、成品仓库等。	预处理车间、加工车间、内包装车间、脱包区等。	/

注：企业可根据产品特点及工艺要求设置、优化，但不得低于本表要求。

第十七条 准清洁作业区、清洁作业区应分别设置工器具清洁消毒区域，防止交叉污染。

第十八条 不同清洁作业区之间的人员通道应分隔。如设有特殊情况时使用的通道，应采取有效措施防止交叉污染。

第十九条 应设置物料运输通道，不同清洁作业区之间的物料通道应分隔。热加工区、发酵间是生熟加工的分界，应设置生料入口和熟料出口，分别通往生料加工区和熟料加工区。畜、禽产品冷库与分割、处理车间应有相连的封闭通道，或其他有效措施防止交叉污染。

第二十条 生产车间内易产生冷凝水的，应有避免冷凝水滴落到裸露产品的防护措施。

第二十一条 生产车间地面应有一定的排水坡度，保证地面水可以自然流向地漏、排水沟。

第二十二条 原料仓库、成品仓库应分开设置，不得直接相通。畜、禽产品应设专库存放。内、外包装材料应分区存放。

第三章 设备设施

第二十三条 企业应具有与生产产品品种、数量相适应的生产设备设施，性能和精度应满足生产要求，便于操作、清洁、维护。肉制品常规生产设备设施见表3。

表3 常规生产设备设施

产品类别名称	设备设施类别	设备设施名称
热加工熟肉制品	生料加工设备	解冻机、解冻池、冻肉破碎机、绞肉机、搅拌机、斩拌机、乳化机、嫩化机、滚揉机、盐水配制器、盐水注射机、整理台等。
	配料设备	电子秤、台秤等。
	成型设备	灌肠机、打卡机、结扎机、剪节机、切片机、压模设备、共挤设备等。
	热加工设备	夹层锅、水煮槽、煮锅、蒸箱、烤炉、炒锅、烘干机、油炸锅（机）、烟熏炉、杀菌釜、烘烤设备、炒松设备等。
	包装设备	切片机、切丁机、真空包装机、拉伸膜包装机、气调包装机、贴体包装机、封口机、封箱机等。
	其他	有速冻工艺的应具有速冻机或其他速冻设备，速冻设备的可控温度应不高于－30 ℃。
发酵肉制品	生料加工设备	解冻机、解冻池、冻肉破碎机、绞肉机、搅拌机、斩拌机、滚揉机、整理台等。
	配料设备	电子秤、台秤等。
	发酵设施	发酵间、风干间等。
	包装设备	切片机、真空包装机、封口机、封箱机等。
	其他	生产发酵肉灌制品应具有成型设备，生产发酵火腿制品应具有剔骨、压型等设备。

续表

产品类别名称	设备设施类别	设备设施名称
预制调理肉制品	原料加工设备	解冻机、解冻池、冻肉破碎机、切片机、绞肉机、搅拌机、斩拌机、嫩化机、滚揉机、整理台等。
	配料设备	电子秤、台秤等。
	冷冻设备	冷冻机或其他冷冻设备。有速冻工艺的应具有速冻机或其他速冻设备，速冻设备的可控温度应不高于−30℃。
	包装设备	切片机、切丁机、真空包装机、拉伸膜包装机、气调包装机、贴体包装机、封口机、封箱机等。
	加热设备	有加热工艺的应具有夹层锅、煮锅、烘烤设备等。
腌腊肉制品	原料加工设备	解冻机、解冻池、冻肉破碎机、绞肉机、搅拌机、斩拌机、嫩化机、滚揉机、整理台等。
	配料设备	电子秤、台秤等。
	成型设备	灌肠机、打卡机、挂杆机、结扎机、剪节机、切片机、压模设备等。
	加热设备	烘干机、烟熏炉、熏烤炉、热泵干燥机等。
	包装设备	切片机、切丁机、真空包装机、封口机、封箱机、贴标机、喷码机等。
可食用动物肠衣	天然肠衣生产设备	刮肠机、口径卡尺、量码机、上盐机、标有路分的容器等。
	胶原蛋白肠衣生产设备	挤压机、套缩机、过滤机、压片机、混揉机等。

注：本表所列设备设施为常规设备设施，企业可根据实际生产情况优化调整。

第二十四条　杀菌设备应具备温度指示装置。

第二十五条　仓储设备设施应与所生产产品的数量、贮存要求相适应，满足物料和产品的贮存条件。

第二十六条　供水设施的软管出水口不应接触地面，使用过程中应防止虹吸、回流。

第二十七条　排水设施的排水口应配有滤网等装置，防止废弃物堵塞排水管道。生产车间地面、排水管道应能耐受热碱水清洗。

第二十八条　内包材暂存间或等效设施（如传递窗）应设置消毒装置。

第二十九条　应配备专用设施（如置物架）存放清洗消毒后的工器具，不应交叉混放。

第三十条　应配备防漏、防腐蚀、易于清洁、带脚踏盖的容器存放废弃物。

第三十一条　准清洁作业区、清洁作业区应设有单独的更衣室，更衣室应与生产车间相连接。若设立与更衣室相连接的卫生间和淋浴室，应设立在更衣室之外，保持清洁卫生，其设施和布局不得对生产车间造成潜在的污染风险。不同清洁作业区应分别设置人员洗手、消毒、干手等设备设施。

第三十二条　卫生间应采用单个冲水式设施，通风良好，地面干燥，保持清洁，无异味，并有防蚊蝇设施，粪便排泄管不得与生产车间内的污水排放管混用。

第三十三条　在产生大量热量、蒸汽、油烟、强烈气味的食品加工区域上方，应设置有效的机械排风设施。冷却间应具有降温及空气流通设施；烟熏间应配备烟熏发生设备（使用液熏法的除外）及空气循环系统。

第三十四条　有温/湿度要求的工序和场所，应根据工艺要求控制温/湿度，并配备监控设备。腌制间应配备空气制冷和温度监控设备（发酵肉制品的腌制间还应配备环境湿度监控设备）。发酵/风干间应配备风干发酵系统或其他温/湿度监控设备。冷藏库和冷冻库应配备温度监控设备及温度超限报警装置。其他方式贮存的成品仓库应符合企业规定的温度范围，必要时配备相应的温度监控设备。

第三十五条　应按照产品执行标准及检验管理制度中规定的检验项目进行检验。自行开展相关检验的企业应配备满足原料、半成品、成品检验所需的检验设备设施，并确保检验设备的性能、精度满足检验要求。检验设备设施的数量应与企业生产能力相适应。常规检验项目及常用检验设备见表4。

表4　肉制品常规检验项目及常用检验设备设施

产品类别名称	检验项目	检验设备设施
热加工熟肉制品	菌落总数	无菌室或超净工作台、灭菌锅、天平(0.1 g)、恒温培养箱等。
	大肠菌群	无菌室或超净工作台、灭菌锅、天平(0.1 g)、恒温培养箱等。
	水分	分析天平(0.1 mg)、鼓风电热恒温干燥箱、干燥器等。
	净含量	电子秤或天平。
发酵肉制品	大肠菌群	无菌室或超净工作台、灭菌锅、天平(0.1 g)、恒温培养箱等。
	单核细胞增生李斯特氏菌	无菌室或超净工作台、生物安全柜、灭菌锅、天平(0.1 g)、恒温培养箱、生物显微镜等。
	水分活度	天平(0.000 1 g、0.1 g)、恒温培养箱、康卫氏皿、鼓风电热恒温干燥箱等。 或者：天平(0.01 g)、水分活度测定仪。
预制调理肉制品	过氧化值	分析天平(1 mg)、旋转蒸发仪、滴定管、通风设施等。
	净含量	电子秤或天平。

续表

产品类别名称	检验项目	检验设备设施
腌腊肉制品	过氧化值	分析天平（1 mg）、旋转蒸发仪、滴定管、通风设施等。
可食用动物肠衣	盐渍肠衣口径检验	刻有米尺的硬质塑料检验台、口径卡尺等。
	长度检验	量尺台等。
	干制肠衣规格检验	米尺、平面板等。
	大肠菌群	无菌室或超净工作台、灭菌锅、天平（0.1 g）、恒温培养箱等。
	霉菌	无菌室或超净工作台、灭菌锅、天平（0.1 g）、霉菌培养箱等。
	水分	分析天平（0.1 mg）、鼓风电热恒温干燥箱、干燥器等。

注：本表所列检验设备设施为常规检验项目所对应的设备设施，企业可根据产品类别及生产过程风险控制情况确定检验项目，配备相应的检验设备设施。

第三十六条　采用快速检测方法的，应配备相应的检验设备。

第四章　设备布局和工艺流程

第三十七条　应具备合理的生产设备布局和工艺流程，避免交叉污染。肉制品常规生产工艺流程见表5。

表5　肉制品生产常规工艺流程

产品类别名称	常规工艺流程	备注
热加工熟肉制品	选料→原料前处理（解冻、修整、腌制等）→机械加工（绞碎、斩拌、滚揉、乳化等）→充填或成型→热加工（熏、烧、烤、蒸煮、油炸、烘干等）→冷却→包装等	不同热加工熟肉制品的生产设备设施和工艺流程可参考附件1-1。热加工熟肉制品企业发证产品可参考的产品标准和相关标准见附件2-1。
发酵肉制品	选料→原料前处理（解冻、修整、腌制等）→机械加工（绞碎、斩拌等）→添加其他原料或发酵剂→充填或成型→发酵/干燥→包装等	不同发酵肉制品的生产设备设施和工艺流程可参考附件1-2。发酵肉制品企业发证产品可参考的产品标准和相关标准见附件2-2。

续表

产品类别名称	常规工艺流程	备注
预制调理肉制品	选料→原料前处理(解冻、修整、腌制等)→机械加工(绞碎、斩拌、滚揉等)→调制→冷却或冻结(含速冻)→包装等	不同预制调理肉制品的生产设备设施和工艺流程可参考附件1-3。预制调理肉制品企业发证产品可参考的产品标准和相关标准附件2-3。
腌腊肉制品	选料→原料前处理(解冻、修整等)→机械加工(绞碎、搅拌等)→腌制→烘干(晒干、风干)→包装等	不同腌腊肉制品的生产设备设施和工艺流程可参考附件1-4。腌腊肉制品企业发证产品可参考的产品标准和相关标准见附件2-4。
可食用动物肠衣	天然肠衣工艺流程:原肠浸泡冲洗→刮制→灌水检查→分路定级→量码→上盐→沥卤→缠把→装桶→入库贮运等 胶原蛋白肠衣工艺流程:原料切割→酸碱处理→切片→研磨搅拌→过滤→挤压成型→干燥固化→熟化→包装→入库贮运等	不同可食用动物肠衣的生产设备设施和工艺流程可参考附件1-5。可食用动物肠衣企业发证产品可参考的产品标准和相关标准见附件2-5。

注:本表所列工艺流程为常规工艺流程,企业可根据实际生产情况优化调整。

第三十八条 应明确产品在《食品安全国家标准 食品添加剂使用标准》(GB 2760)"食品分类系统"的最小分类号。生产过程中应按照 GB 2760 以及国务院卫生行政部门相关公告的要求使用食品添加剂。

第三十九条 应通过危害分析方法明确生产过程中的食品安全关键环节,制定产品配方、工艺规程等工艺文件,并设立相应的控制措施。

第四十条 应根据相关标准并结合原料、产品特点和工艺要求控制生产车间环境。腌制车间温度不应高于 4 ℃。天然肠衣生产车间温度不应高于 25 ℃。

第四十一条 冻肉解冻时应避免受到污染。用水解冻的,无密封包装的不同种类畜、禽产品应分开解冻。

第四十二条 内包装材料应脱去外包装,经内包材暂存间或等效设施(如传递窗)消毒后,方可进入内包装车间。

第四十三条 加工用冰的制备、使用、贮存过程中应避免污染。

第四十四条 应根据产品特点规定腌制时间。发酵肉制品应根据工艺需要控制腌制、发酵/风干过程的温/湿度和时间。

第四十五条 采用热加工工艺的产品应控制加热介质或产品最低中心温度及加

热时间。热加工结束后应控制产品停留在热加工车间的时间或产品离开热加工车间的表面温度。

加工过程中应采取有效措施，控制多环芳烃、生物胺、杂环胺、丙烯酰胺等次生有害污染物（如熏制时使用烟熏液，低松脂的硬木、木屑等）。烟熏过程应采取有效措施（如安装烟雾发生器等设备）控制苯并[a]芘的产生量。

第四十六条　冷却过程应根据不同产品的工艺需要，对温度和时间进行控制。

第四十七条　密封包装产品应封口紧密，无渗漏、无破损。

第四十八条　有二次杀菌工艺的，应根据产品特性及微生物控制要求，对杀菌的温度和时间进行控制。

第四十九条　盐渍肠衣上盐过程中肠衣不应粘连，包装时容器内应充分撒布肠衣专用盐，并灌满饱和盐卤（干盐腌制除外）。

第五章　人员管理

第五十条　应依法配备食品安全管理人员和食品安全专业技术人员。企业主要负责人、食品安全总监、食品安全员应符合《企业落实食品安全主体责任监督管理规定》。

食品安全专业技术人员应与岗位要求相适应，掌握肉制品生产工艺操作规程，熟练操作生产设备设施，人员数量应满足企业生产需求。其中检验人员应具有食品检验相关专业知识，经培训合格。

第五十一条　企业应建立培训制度，制定培训计划，培训的内容应与岗位相适应。与质量安全相关岗位的人员应定期培训和考核，不具备能力的不得上岗。

第五十二条　负责清洁消毒的人员应接受良好培训，能够正确使用清洁消毒工器具及相关试剂，保证清洁和消毒作业的效果满足生产要求。

第五十三条　应对食品加工人员开展班前健康检查，并形成记录，防止法律法规规定的有碍食品安全疾病的人员接触直接入口食品。

第六章　管理制度

第五十四条　建立并执行采购管理及进货查验记录制度。企业应规定食品原料、食品添加剂和食品相关产品的验收标准，定期对主要原料供应商进行评价、考核，确定合格供应商名单。

（一）畜、禽产品应符合《食品安全国家标准 鲜（冻）畜、禽产品》（GB 2707）等相关标准要求。国内畜、禽产品应具有动物检疫证明及相关证明文件。进口畜、禽产品应有入境货物相关证明文件。不得采购非法陆生野生动物及其制品。

（二）发酵用菌种应符合国家有关标准规定，附有检验报告或产品合格证明文件。

（三）食品相关产品应符合相关食品安全标准的规定，在加工、储藏和运输条件下不影响产品质量安全。

第五十五条　建立并执行生产过程控制制度。在关键环节所在区域，配备相关的文件如岗位规程、记录表等。生产过程中原料管理（领料、投料、余料管理等）、生产关键环节（如生产工序、设备、贮存、包装等）的控制措施实施记录，应与企业制定的工艺文件要求一致。

（一）卫生管理要求。

（1）食品加工人员应保持良好的个人卫生，进入生产作业区域应穿戴整洁的工作服、帽，不应佩戴饰物、手表，不应携带手机，不应化妆、留长指甲等存在食品安全隐患的行为，不应携带、存放与食品生产无关的个人用品。

（2）食品加工人员进入生产作业区时应按要求洗手、消毒，连续工作4小时后应再次洗手、消毒。操作过程中手受到污染时，应立即洗手、消毒。

（3）食品加工人员工作期间如佩戴手套，应洗手、消毒后戴手套，且手套需经表面消毒后方可接触食品（一次性无菌手套不需要消毒）。手套在连续使用4小时后应更换。操作过程中手套受到污染、破损时，应立即更换。

（4）非生产人员禁止进入肉制品生产作业区，特殊情况下进入时应遵守和生产人员相同的卫生要求。

（5）应监控生产环境，如对地面、墙壁、天花板或顶棚、空气、设备设施、排水槽、空气净化处理装置等进行卫生监控。根据具体取样点的风险确定监控频率。

（6）各生产作业区设备设施、工器具及容器应分区放置，生产过程中应有合理的措施防止交叉污染。需要随产品贯穿整个工艺过程的工器具（如挂肠车），未与加工料同时经过热加工工序时，不得直接进入熟料加工区。其他所有非必需贯穿整个工艺过程的设备、刀具、案板、计量器具等应严格分区放置。

（7）直接接触原料、半成品、成品的设备设施、工器具和容器应耐腐蚀、不易破损。因工艺需要必须使用竹木工器具的，应明确其消毒、贮存及更换要求。

（二）清洁消毒要求。应明确清洁消毒的区域、设备设施及工器具名称；清洁消毒工作的职责；使用的洗涤剂、消毒剂；清洁消毒方法和频次；清洁消毒效果验证方法以及纠偏方法；清洁消毒工作及验证的记录等要求。严格执行清洁消毒制度，并有专人负责检查，如实、完整记录清洁消毒和验证过程。

（1）清洁消毒方法应安全、卫生、有效。采用臭氧消毒方式的，应在保证杀菌效果的前提下严格控制臭氧浓度；采用紫外线消毒方式的，应控制杀菌距离并规定紫外线强度监控频次；采用过滤除菌方式的，应规定更换滤膜或滤料频次。

（2）根据生产环境卫生监控结果规定清洁消毒频次。

（3）与食品直接接触的设备设施和工器具，使用后应彻底清洁，使用前严格消毒。清洁作业区内与食品直接接触工器具的清洁消毒频次应不低于每4小时1次。

（4）清洁剂和消毒剂使用。除清洁消毒必需和工艺需要，不应在生产场所使用和存放可能污染食品的化学制剂。清洁剂和消毒剂应在专门场所用固定设施贮存，并有明显标识，还应设锁并由专人管理，防止污染产品。使用记录应包含领用人员、作业时间、作业区域、用量及浓度等信息。

使用清洁剂和消毒剂对与食品直接接触的设备设施表面、工器具和容器进行清洁消毒的，应考虑清洁消毒对象的材质、用途等因素，合理使用清洁剂和消毒剂，确保在清洁消毒时不与食品接触表面产生化学反应，避免产生化学性残留污染。

第五十六条 建立并执行检验管理及出厂检验记录制度。应包括原料检验、过程检验、出厂检验及产品留样的方式及要求，过程检验包括但不限于对半成品质量、安全指标的监测。产品执行标准规定出厂检验要求的，应按标准规定执行。执行标准未规定出厂检验要求的，企业应综合考虑产品特性、工艺特点、生产过程控制等因素确定检验项目、检验频次、检验方法等检验要求。

（一）自行检验。自行检验的企业应具备与所检项目适应的检验室和检验能力，每年至少对所检项目进行1次检验能力验证。使用快速检测方法的，应定期与国家标准规定的检验方法进行比对或验证，保证检测结果准确。当快速检测方法检测结果显示异常时，应使用国家标准规定的检验方法进行验证。

（二）委托检验。不能自行检验的，可委托具有检验资质的第三方检测机构进行检验，并妥善保存检验报告。

（三）产品留样。每批产品均应有留样，产品留样间应满足产品贮存条件要求，留样数量应满足复检要求，产品留样应保存至保质期满并有记录。对过期产品进行科学处置，如实、完整记录留样及过期产品处置相关信息。

第五十七条 建立并执行运输和交付管理制度。企业应根据食品及食品原料的特点和卫生需要规定运输、交付要求。不得与有毒、有害、有异味的物品一同运输。不应使用未经清洗的车辆和未经消毒的容器运输产品。运输过程中温度控制应符合产品运输的温度要求。冷链运输车厢内应设置温度监控设备，并规定校准、维护频次。采购第三方物流服务的企业应签订合同，满足上述要求。

第五十八条 建立并执行食品安全追溯制度。如实记录原料采购与验收、生产加工、产品检验、出厂销售等全过程信息，实现产品有效追溯。企业应合理设定产品批次，建立批生产记录，如实记录投料的原料名称、投料数量、产品批号、投料日期等信息。

第五十九条 建立并执行食品安全自查制度。企业应对肉制品生产安全状况进行检查评价，并规定自查频次。

自查内容应包括食品原料、食品添加剂、食品相关产品进货查验情况；生产过程控制情况；人员管理情况；检验管理情况；记录及文件管理情况等。

第六十条 建立并执行不合格品管理及不安全食品召回制度。企业应明确对在验收和生产过程中发现的不合格原料、半成品和成品进行标识、贮存和处置措施，不合格品应与合格品分开放置并明显标记。如实、完整记录不合格品保存和处理情况。企业应对召回的食品采取补救、无害化处置、销毁等措施，如实记录召回和处置情况，并向所在地县级市场监管部门报告。

第六十一条　其他制度。

(一)建立并执行食品安全防护制度。应建立食品防护计划，最大限度降低因故意污染、蓄意破坏等人为因素造成食品受到生物、化学、物理方面的风险。

(二)建立并执行仓储管理制度。包括原料仓库管理制度和产品仓库管理制度。

(1)原料仓库。应设专人管理原料仓库，规定仓库卫生检查频次，及时清理变质、超过保质期的食品原料。原料仓库的干、湿料应分离。冷冻畜、禽原料应贮存在不高于－18℃的冷冻肉储藏库中，鲜畜、禽原料应贮存在不高于4℃的冷藏库中；采集后的畜禽血应在不高于4℃环境中贮存，在贮存前可采取降温措施进行预冷。

(2)菌种保存。发酵用菌种应在适宜温度下贮存，以保持菌种的活力。发酵用菌种应使用专用设备设施存放。

(3)成品仓库。不得将食品与有毒、有害、有异味的物品一同贮存。需冷藏的肉制品应在不高于4℃的冷藏库中贮存，需冷冻的肉制品应在不高于－18℃的冷冻库中贮存。采用其他方式贮存的肉制品应明确产品贮存温度范围。包装后成品应在产品规定温/湿度条件下进行贮存。

(三)建立并执行分切管理制度。将肉制品切片、切块等，不添加其他原料，经杀菌或不杀菌后包装销售的，应建立分切管理制度。明确待分切的肉制品管理、标签标识、工艺控制、卫生控制等要求。待分切的肉制品应来自获得食品生产许可证或依法进口的企业。应记录其生产企业名称、联系人、产品名称、数量、生产日期、保质期、进库时间等信息，以满足溯源要求。应批批查验待分切肉制品的检验合格报告。

分切后的产品生产日期应按分切日期标注，产品保质期不应长于被分切的肉制品剩余保质期。

(四)建立并执行废弃物存放和清除制度。应规定废弃物清除频次；必要时应及时清除废弃物；易腐败的废弃物应尽快清除。

(五)建立并执行工作服清洗保洁制度。工作服及其他工作服配套物品(以下简称工作服)应符合相应的作业区卫生要求。不同清洁作业区的工作服应分开放置，与个人服装、其他物品分开放置。员工不得在相关作业区以外穿着工作服。

不同清洁作业区的工作服应从颜色、标识上加以明显区分并分开清洗。准清洁作业区和清洁作业区的工作服应每日进行清洗、更换，一般作业区的工作服可根据实际情况制定清洗、更换的频次。清洗消毒后仍然不能达到预期用途的工作服应及时更换。

(六)建立并执行文件管理制度。对文件进行有效管理，确保各相关场所使用的文件均为有效版本。

第七章 试制产品检验

第六十二条 企业应按所申报肉制品类别和执行标准，提供同一品种、同一批次的试制产品检验合格报告，企业应对检验报告真实性负责。

第六十三条 检验项目应符合相应的食品安全国家标准及企业明示的产品执行标准，包括国家标准、行业标准、地方标准、团体标准、企业标准等及国务院卫生行政部门的相关公告的要求。

热加工熟肉制品涉及的检验项目与方法参见附件3-1，发酵肉制品涉及的检验项目与方法参见附件3-2，预制调理肉制品涉及的检验项目与方法参见附件3-3，腌腊肉制品涉及的检验项目与方法参见附件3-4，可食用动物肠衣涉及的检验项目与方法参见附件3-5。

第八章 附 则

第六十四条 根据《产业结构调整指导目录（2019年本）》（中华人民共和国国家发展和改革委员会令2019年第29号）规定，不再核发生产能力3000吨/年及以下的西式肉制品生产许可证。

第六十五条 可食用动物肠衣生产企业应在《细则》发布之日起18个月内，申请并获得肉制品生产许可后，方可进行生产。

第六十六条 本《细则》由国家市场监督管理总局负责解释。

第六十七条 本《细则》自发布之日起施行，原《肉制品生产许可证审查细则（2006版）》同时废止。

附件：1-1. 热加工熟肉制品生产设备设施和工艺流程

　　　 1-2. 发酵肉制品生产设备设施和工艺流程

　　　 1-3. 预制调理肉制品生产设备设施和工艺流程

　　　 1-4. 腌腊肉制品生产设备设施和工艺流程

　　　 1-5. 可食用动物肠衣生产设备设施和工艺流程

　　　 2-1. 热加工熟肉制品生产涉及的主要标准

　　　 2-2. 发酵肉制品生产涉及的主要标准

　　　 2-3. 预制调理肉制品生产涉及的主要标准

　　　 2-4. 腌腊肉制品生产涉及的主要标准

　　　 2-5. 可食用动物肠衣生产涉及的主要标准

　　　 3-1. 热加工熟肉制品涉及的检验项目与方法

　　　 3-2. 发酵肉制品涉及的检验项目与方法

　　　 3-3. 预制调理肉制品涉及的检验项目与方法

　　　 3-4. 腌腊肉制品涉及的检验项目与方法

　　　 3-5. 可食用动物肠衣涉及的检验项目与方法

附件1-1

热加工熟肉制品生产设备设施和工艺流程

热加工肉灌制品（如法兰克香肠）		酱卤肉制品（如酱牛肉）		熏烧烤肉制品（如烤鸭）		熟肉干制品（如牛肉干）		油炸肉制品（如小酥肉）	
工艺流程	设备设施	工艺流程	设备设施	工艺流程	设备设施	工艺流程	设备设施	工艺流程	设备设施
解冻	解冻池	解冻	解冻池	解冻	解冻池	解冻	解冻池	解冻	解冻池
修整	台案、刀、切肉机	原料处理	台案、刀	原料处理	台案、刀	原料处理	台案、刀、切肉机	原料处理	台案、刀、切肉机
斩拌	斩拌机	预煮	夹层锅	配料	电子秤	预煮	夹层锅	挂浆	挂浆机
配料	电子秤	漂洗	夹层锅	制坯（挂糖色、晾坯）	制坯间	切坯	切坯机	烹炸	油炸锅
灌肠	灌肠机	配料	电子秤	挂炉烤制	烤炉	配料	电子秤	冷却	冷却间
吊挂	挂肠车	煮制	夹层锅	冷却	冷却间	复煮、收汁	夹层锅	包装	包装机
干燥、烟熏、蒸煮	烟熏蒸煮一体炉	出锅	出锅机	包装	包装机	脱水	烘箱	入库贮存	成品仓库
冷却	冷却间	冷却	冷却间	入库贮存	成品仓库	冷却	冷却间	/	/
包装	包装机	包装	包装机	/	/	包装	包装机	/	/
入库贮存	成品仓库	杀菌	杀菌罐	/	/	入库贮存	成品仓库	/	/
/	/	二次冷却	冷却池	/	/	/	/	/	/
/	/	入库贮存	成品仓库	/	/	/	/	/	/

注：以上为示例，仅供参考。

附件1-2

发酵肉制品生产设备设施和工艺流程

发酵肉灌制品 （如发酵香肠）		发酵火腿制品 （如西班牙风味火腿）	
工艺流程	设备设施	工艺流程	设备设施
原料处理	台案、刀	原料处理	台案、刀
绞肉	绞肉机	配料	电子秤
配料	电子秤	腌制	腌制间
搅拌	搅拌机	发酵	发酵间
腌制	腌制间、腌制容器	晾挂	干燥间
灌肠	灌肠机	成型	成型机
发酵	发酵间	包装	包装机
干燥	干燥间	入库贮存	成品仓库
包装	包装机	/	/
入库贮存	成品仓库	/	/

注：以上为示例，仅供参考。

附件1-3

预制调理肉制品生产设备设施和工艺流程

冷冻预制调理肉制品 （如羊肉串）		冷藏预制调理肉制品 （如黑椒牛柳）	
工艺流程	设备设施	工艺流程	设备设施
原料处理	刀、台案	原料处理	刀、台案
切肉	切肉机	切肉	切肉机
配料	电子秤	配料	电子秤
搅拌	搅拌机	搅拌	搅拌机
成型	手工或穿串机	包装	包装机
冷冻(或速冻)	冷冻库、速冻机	入库贮存	冷藏仓库
包装	包装机	/	/
入库贮存	冷冻仓库	/	/

注：以上为示例，仅供参考。

附件 1-4

腌腊肉制品生产设备设施和工艺流程

腌腊肉灌制品（如广式香肠）		腊肉制品（如南京板鸭）		腊肉制品（如湖南腊肉）		火腿制品（如金华火腿）	
工艺流程	设备设施	工艺流程	设备设施	工艺流程	设备设施	工艺流程	设备设施
解冻	解冻池	原料处理	刀、台案	原料处理	刀、台案	原料处理	刀、台案
原料处理	刀、台案、切丁机	配料	电子秤	配料	电子秤	上盐腌制	腌制间
配料	电子秤	干腌	不锈钢车槽	腌制	腌制间、腌制容器	浸腿	浸泡池
混料	搅拌机	抠卤	不锈钢车槽	干制	烘房	洗腿	清洗池
灌肠	灌肠机	复卤	不锈钢车槽	烟熏	烟熏房	晒腿	晒腿架
烘烤	烘房	叠坯	案板、不锈钢车槽	冷却	冷却间	整形	刀、台案
包装	包装机	排坯晾挂	架子	包装	包装机	发酵	发酵间
入库贮存	成品仓库	入库贮存	成品仓库	入库贮存	成品仓库	修整	刀、台案
/	/	/	/	：	：	堆码	腿床
/	/	/	/	：	：	入库贮存	成品仓库

注：以上为示例，仅供参考。

附件1-5

可食用动物肠衣生产设备设施和工艺流程

天然肠衣		胶原蛋白肠衣	
工艺流程	设备设施	工艺流程	设备设施
原肠浸泡冲洗	台案	清洗	台案
刮制	台案、刮制工具	切割	切皮机
量码	卡尺、台案、量码机	酸碱处理	酸碱处理池
上盐	台案	胶原纤维提取	高压挤压机
缠把、装桶	密封的桶、台案	挤压成型	螺旋式挤压机
半成品原料验收	台案	一次干燥	电热箱
分路定级	卡尺、台案	二次干燥	热风炉或电热箱
量码	卡尺、台案	包装	台案
上盐	台案、上盐机	入库贮存	成品仓库
缠把、装桶	密封用桶、台案	/	
入库贮存	成品仓库	/	

注：以上为示例，仅供参考。

附件2-1

热加工熟肉制品生产涉及的主要标准

序号	标准号	标准名称
1	GB 14881	食品安全国家标准 食品生产通用卫生规范
2	GB 19303	熟肉制品企业生产卫生规范
3	GB 20799	食品安全国家标准 肉和肉制品经营卫生规范
4	GB 2726	食品安全国家标准 熟肉制品
5	GB 2707	食品安全国家标准 鲜(冻)畜、禽产品
6	GB 16869	鲜、冻禽产品(部分有效)
7	GB 5749	生活饮用水卫生标准
8	GB 2760	食品安全国家标准 食品添加剂使用标准
9	GB 2762	食品安全国家标准 食品中污染物限量

序号	标准号	标准名称
10	GB 2763	食品安全国家标准 食品中农药最大残留限量
11	GB 31650	食品安全国家标准 食品中兽药最大残留限量
12	GB 29921	食品安全国家标准 预包装食品中致病菌限量
13	GB 7718	食品安全国家标准 预包装食品标签通则
14	GB 28050	食品安全国家标准 预包装食品营养标签通则
15	GB/T 27301	食品安全管理体系 肉及肉制品生产企业要求
16	GB/T 20940	肉类制品企业良好操作规范
17	GB/T 29342	肉制品生产管理规范
18	GB/T 19480	肉与肉制品术语
19	GB/T 26604	肉制品分类
20	GB/T 23586	酱卤肉制品
21	GB/T 34264	熏烧焙烤盐焗肉制品加工技术规范
22	GB/T 19694	地理标志产品 平遥牛肉
23	GB/T 20558	地理标志产品 符离集烧鸡
24	GB/T 20711	熏煮火腿
25	GB/T 20712	火腿肠
26	GB/T 23492	培根
27	GB/T 23968	肉松
28	GB/T 23969	肉干
29	GB/T 31406	肉脯
30	SB/T 10279	熏煮香肠

注：本表为热加工熟肉制品生产涉及的主要标准，仅供参考。

附件 2-2

发酵肉制品生产涉及的主要标准

序号	标准号	标准名称
1	GB 14881	食品安全国家标准 食品生产通用卫生规范
2	GB 19303	熟肉制品企业生产卫生规范
3	GB 20799	食品安全国家标准 肉和肉制品经营卫生规范
4	GB 2726	食品安全国家标准 熟肉制品
5	GB 2707	食品安全国家标准 鲜(冻)畜、禽产品
6	GB 16869	鲜、冻禽产品(部分有效)
7	GB 5749	生活饮用水卫生标准
8	GB 2760	食品安全国家标准 食品添加剂使用标准
9	GB 2762	食品安全国家标准 食品中污染物限量
10	GB 2763	食品安全国家标准 食品中农药最大残留限量
11	GB 31650	食品安全国家标准 食品中兽药最大残留限量
12	GB 29921	食品安全国家标准 预包装食品中致病菌限量
13	GB 7718	食品安全国家标准 预包装食品标签通则
14	GB 28050	食品安全国家标准 预包装食品营养标签通则
15	GB/T 27301	食品安全管理体系 肉及肉制品生产企业要求
16	GB/T 20940	肉类制品企业良好操作规范
17	GB/T 29342	肉制品生产管理规范
18	GB/T 19480	肉与肉制品术语
19	GB/T 26604	肉制品分类

注：本表为发酵肉制品生产涉及的主要标准，仅供参考。

附件 2-3

预制调理肉制品生产涉及的主要标准

序号	标准号	标准名称
1	GB 14881	食品安全国家标准 食品生产通用卫生规范
2	GB 19295	食品安全国家标准 速冻面米与调制食品
3	GB 20799	食品安全国家标准 肉和肉制品经营卫生规范
4	GB 31646	食品安全国家标准 速冻食品生产和经营卫生规范
5	GB 31605	食品安全国家标准 食品冷链物流卫生规范
6	GB 2707	食品安全国家标准 鲜(冻)畜、禽产品
7	GB 16869	鲜、冻禽产品(部分有效)
8	GB 5749	生活饮用水卫生标准
9	GB 2760	食品安全国家标准 食品添加剂使用标准
10	GB 2762	食品安全国家标准 食品中污染物限量
11	GB 2763	食品安全国家标准 食品中农药最大残留限量
12	GB 31650	食品安全国家标准 食品中兽药最大残留限量
13	GB 7718	食品安全国家标准 预包装食品标签通则
14	GB 28050	食品安全国家标准 预包装食品营养标签通则
15	GB/T 27301	食品安全管理体系 肉及肉制品生产企业要求
16	GB/T 20940	肉类制品企业良好操作规范
17	GB/T 29342	肉制品生产管理规范
18	GB/T 19480	肉与肉制品术语
19	GB/T 26604	肉制品分类
20	NY/T 2073	调理肉制品加工技术规范
21	SB/T 10482	预制肉类食品质量安全要求
22	SB/T 10648	冷藏调制食品
23	SB/T 10379	速冻调制食品
24	QB/T 4891	冷冻调制食品技术规范

注：本表为预制调理肉制品生产涉及的主要标准，仅供参考。

附件 2 - 4

腌腊肉制品生产涉及的主要标准

序号	标准号	标准名称
1	GB 14881	食品安全国家标准 食品生产通用卫生规范
2	GB 20799	食品安全国家标准 肉和肉制品经营卫生规范
3	GB 2730	食品安全国家标准 腌腊肉制品
4	GB 2707	食品安全国家标准 鲜(冻)畜、禽产品
5	GB 16869	鲜、冻禽产品(部分有效)
6	GB 5749	生活饮用水卫生标准
7	GB 2760	食品安全国家标准 食品添加剂使用标准
8	GB 2762	食品安全国家标准 食品中污染物限量
9	GB 2763	食品安全国家标准 食品中农药最大残留限量
10	GB 31650	食品安全国家标准 食品中兽药最大残留限量
11	GB 7718	食品安全国家标准 预包装食品标签通则
12	GB 28050	食品安全国家标准 预包装食品营养标签通则
13	GB/T 27301	食品安全管理体系肉及肉制品生产企业要求
14	GB/T 20940	肉类制品企业良好操作规范
15	GB/T 29342	肉制品生产管理规范
16	GB/T 19480	肉与肉制品术语
17	GB/T 26604	肉制品分类
18	GB/T 23492	培根
19	GB/T 18357	地理标志产品 宣威火腿
20	GB/T 19088	地理标志产品 金华火腿
21	GB/T 31319	风干禽肉制品
22	SB/T 10294	腌猪肉
23	SB/T 10004	中国火腿

注：本表为腌腊肉制品生产涉及的主要标准，仅供参考。

附件 2-5

可食用动物肠衣生产涉及的主要标准

序号	标准号	标准名称
1	GB 14881	食品安全国家标准 食品生产通用卫生规范
2	GB 20799	食品安全国家标准 肉和肉制品经营卫生规范
3	GB 14967	食品安全国家标准 胶原蛋白肠衣
4	GB 5749	生活饮用水卫生标准
5	GB 2760	食品安全国家标准 食品添加剂使用标准
6	GB 2762	食品安全国家标准 食品中污染物限量
7	GB 2763	食品安全国家标准 食品中农药最大残留限量
8	GB 31650	食品安全国家标准 食品中兽药最大残留限量
9	GB/T 22637	天然肠衣加工良好操作规范
10	GB/T 20572	天然肠衣生产 HACCP 应用规范
11	GB/T 27301	食品安全管理体系 肉及肉制品生产企业要求
12	GB/T 20940	肉类制品企业良好操作规范
13	GB/T 29342	肉制品生产管理规范
14	GB/T 19480	肉与肉制品术语
15	GB/T 7740	天然肠衣
16	SN/T 2905.3	出口食品质量安全控制规范 第 3 部分：肠衣
17	SB/T 10373	胶原蛋白肠衣
18	QB/T 2606	肠衣盐

注：本表为可食用动物肠衣生产涉及的主要标准，仅供参考。

附件 3-1

热加工熟肉制品涉及的检验项目与方法

序号	检验项目	标准号	标准名称	检验方法
1	感官	GB 2726	食品安全国家标准 熟肉制品	按照对应标准
		GB/T 23586	酱卤肉制品	
		GB/T 34264	熏烧焙烤盐焗肉制品 加工技术规范	
		GB/T 20711	熏煮火腿	
		GB/T 20712	火腿肠	
		GB/T 23492	培根	
		GB/T 23968	肉松	
		GB/T 23969	肉干	
		GB/T 31406	肉脯	
		SB/T 10279	熏煮香肠	
2	铅	GB 2762	食品安全国家标准 食品中污染物限量	GB 5009.12
3	镉			GB 5009.15
4	砷			GB 5009.11
5	铬			GB 5009.123
6	苯并[a]芘			GB 5009.27
7	N-二甲基亚硝胺			GB 5009.26
8	菌落总数	GB 2726	食品安全国家标准 熟肉制品	GB 4789.2
9	大肠菌群			GB 4789.3
10	金黄色葡萄球菌	GB 29921	食品安全国家标准 预包装食品中致病菌限量	GB 4789.10
11	沙门氏菌			GB 4789.4
12	单核细胞增生李斯特氏菌			GB 4789.30
13	致泻大肠埃希氏菌			GB 4789.6
14	蛋白质	GB/T 23586	酱卤肉制品	GB 5009.5
15	水分			GB 5009.3
16	食盐			GB 5009.44
17	食品添加剂	GB 2760	食品安全国家标准 食品添加剂使用标准	按照对应标准

序号	检验项目	标准号	标准名称	检验方法
18	营养强化剂	GB 14880	食品安全国家标准 食品营养强化剂使用标准	按照对应标准
19	标签	GB 7718	食品安全国家标准 预包装食品标签通则	GB 7718
20	营养标签	GB 28050	食品安全国家标准 预包装食品营养标签通则	GB 28050

注：本表按照热加工肉制品相关标准汇总，仅供参考。

附件 3 - 2

发酵肉制品涉及的检验项目与方法

序号	检验项目	标准号	标准名称	检验方法
1	感官	GB 2726	食品安全国家标准 熟肉制品	按照对应标准
2	铅	GB 2762	食品安全国家标准 食品中污染物限量	GB 5009.12
3	镉			GB 5009.15
4	砷			GB 5009.11
5	铬			GB 5009.123
6	苯并[a]芘			GB 5009.27
7	N-二甲基亚硝胺			GB 5009.26
8	大肠菌群	GB 2726	食品安全国家标准 熟肉制品	GB 4789.3
9	金黄色葡萄球菌	GB 29921	食品安全国家标准 预包装食品中致病菌限量	GB 4789.10
10	沙门氏菌			GB 4789.4
11	单核细胞增生李斯特氏菌			GB 4789.30
12	致泻大肠埃希氏菌			GB 4789.6
13	食品添加剂	GB 2760	食品安全国家标准 食品添加剂使用标准	按照对应标准
14	营养强化剂	GB 14880	食品安全国家标准 食品营养强化剂使用标准	按照对应标准
15	标签	GB 7718	食品安全国家标准 预包装食品标签通则	GB 7718
16	营养标签	GB 28050	食品安全国家标准 预包装食品营养标签通则	GB 28050

注：本表按照发酵肉制品相关标准汇总，仅供参考。

附件 3-3

预制调理肉制品涉及的检验项目与方法

序号	检验项目	标准号	标准名称	检验方法
1	感官	GB 19295	食品安全国家标准 速冻面米与调制食品	按照对应标准
		SB/T 10482	预制肉类食品质量安全要求	
		SB/T 10648	冷藏调制食品	
		SB/T 10379	速冻调制食品	
2	铅	GB 2762	食品安全国家标准 食品中污染物限量	GB 5009.12
3	镉			GB 5009.15
4	砷			GB 5009.11
5	铬			GB 5009.123
6	N-二甲基亚硝胺			GB 5009.26
7	过氧化值	GB 19295	食品安全国家标准 速冻面米与调制食品	GB 5009.227
8	食品添加剂	GB 2760	食品安全国家标准 食品添加剂使用标准	按照对应标准
9	营养强化剂	GB 14880	食品安全国家标准 食品营养强化剂使用标准	按照对应标准
10	标签	GB 7718	食品安全国家标准 预包装食品标签通则	GB 7718
11	营养标签	GB 28050	食品安全国家标准 预包装食品营养标签通则	GB 28050

注：本表按照预制调理肉制品相关标准汇总，仅供参考。

附件 3－4

腌腊肉制品涉及的检验项目与方法

序号	检验项目	标准号	标准名称	检验方法
1	感官	GB 2730	食品安全国家标准 腌腊肉制品	GB 2730
2	铅	GB 2762	食品安全国家标准 食品中污染物限量	GB 5009.12
3	镉			GB 5009.15
4	砷			GB 5009.11
5	铬			GB 5009.123
6	N－二甲基亚硝胺			GB 5009.26
7	过氧化值	GB 2730	食品安全国家标准 腌腊肉制品	GB 5009.227
8	三甲胺氮			GB 5009.179
9	食品添加剂	GB 2760	食品安全国家标准 食品添加剂使用标准	按照对应标准
10	营养强化剂	GB 14880	食品安全国家标准 食品营养强化剂使用标准	按照对应标准
11	标签	GB 7718	食品安全国家标准 预包装食品标签通则	GB 7718
12	营养标签	GB 28050	食品安全国家标准 预包装食品营养标签通则	GB 28050

注：本表按照腌腊肉制品相关标准汇总，仅供参考。

附件 3－5

可食用动物肠衣涉及的检验项目与方法

序号	检验项目	标准号	标准名称	检验方法
1	感官	GB 14967	食品安全国家标准 胶原蛋白肠衣	按照对应标准
		SB/T 10373	胶原蛋白肠衣	按照对应标准
2	水分	GB 14967	食品安全国家标准 胶原蛋白肠衣	GB 5009.3
3	灰分			GB 5009.4
4	蛋白质			GB 5009.5
5	铅			GB 5009.12
6	砷			GB 5009.11
7	大肠菌群			GB 4789.3
8	金黄色葡萄球菌			GB 4789.10
9	沙门氏菌			GB 4789.4
10	霉菌			GB 4789.15
11	脂肪	SB/T 10373	胶原蛋白肠衣	GB 5009.6
12	食品添加剂	GB 2760	食品安全国家标准 食品添加剂使用标准	按照对应标准

注：本表按照可食用动物肠衣相关标准汇总，仅供参考。

附录 C　饼干生产许可证审查细则

一、发证产品范围及申证单元

实施食品生产许可证管理的饼干产品包括以小麦粉、糖、油脂等为主要原料，加入疏松剂和其他辅料，按照一定工艺加工制成的各种饼干，如：酥性饼干、韧性饼干、发酵饼干、薄脆饼干、曲奇饼干、夹心饼干、威化饼干、蛋圆饼干、蛋卷、粘花饼干、水泡饼干。饼干的申证单元为1个。

在生产许可证上应当注明获证产品名称即饼干。饼干生产许可证有效期为3年，其产品类别编号为0801。

二、基本生产流程及关键控制环节

(一)基本生产流程
配粉和面→成型→烘烤→包装。

(二)关键控制环节
配粉，烤制，灭菌。

(三)容易出现的质量安全问题
1. 食品添加剂超范围和超量使用。
2. 残留物质变质、霉变等。
3. 水分和微生物超标。

三、必备的生产资源

(一)生产场所
饼干生产企业除必备的生产环境外，还应当有与企业生产相适应的原辅料库、生产车间、成品库。如生产线不是连续的，必须有冷却车间。生产发酵产品的企业还必须具备发酵间。

(二)必备的生产设备
1. 机械式配粉设备如和面机；
2. 成型设备；
3. 烤炉；
4. 机械式包装机。

企业必备的生产设备中成型设备应与企业生产的品种相符合。主要成型设备有：

酥性饼干：辊印成型机等。

韧性饼干：叠层机、辊切成型机等。

发酵饼干：叠层机、辊印成型机等。

薄脆饼干：辊印或辊切成型机等。

压缩饼干成型设备：辊印或辊切成型机、压缩机等。

曲奇饼干：叠层机、辊印或辊切成型机等。

威化饼干：制浆设施、叠层机、切割机等。

蛋圆饼干：制浆设施、辊印成型机等。

蛋卷：制浆设施、浇注设备、烘烤卷制成型机等。

粘花饼干：辊印或辊切成型机等。

水泡饼干：辊印或辊切成型机等。

生产夹心类产品的应具备夹心设备。

四、产品相关标准

GB 7100—2003《饼干 卫生标准》；

QB/T 1253—2005《饼干通用技术条件》；

QB/T 1254—2005《饼干试验方法》；

QB/T 1433.1—2005《饼干 酥性饼干》；

QB/T 1433.2—2005《饼干 韧性饼干》；

QB/T 1433.3—2005《饼干 发酵饼干》；

QB/T 1433.4—2005《饼干 压缩饼干》；

QB/T 1433.5—2005《饼干 曲奇饼干》；

QB/T 1433.6—2005《饼干 夹心饼干》；

QB/T 1433.7—2005《饼干 威化饼干》；

QB/T 1433.8—2005《饼干 蛋圆饼干》；

QB/T 1433.9—2005《饼干 蛋卷和煎饼》；

QB/T 1433.10—2005《饼干 装饰饼干》；

QB/T 1433.11—2005《饼干 水泡饼干》；

备案有效的企业标准。

五、原辅材料的有关要求

企业生产饼干的原辅材料必须符合国家标准、行业标准和有关规定。采购纳入生产许可证管理的原辅材料时，应当选择获得生产许可证企业生产的产品。对夹心类产品的心料等如有外购情况的，应制定进货验收制度并实施。

六、必备的出厂检验设备

1. 分析天平(0.1 mg);

2. 干燥箱;

3. 灭菌锅;

4. 无菌室或超净工作台;

5. 微生物培养箱;

6. 生物显微镜。

七、检验项目

饼干的发证检验、监督检验和出厂检验项目按下表中列出的检验项目进行。出厂检验项目中注有"＊"标记的,企业每年应当进行2次检验。

饼干质量检验项目表

序号	检验项目	发证	监督	出厂	备注
1	感官	√	√	√	
2	净含量	√	√	√	
3	水分	√	√	√	
4	碱度	√	√		酥性、韧性(可可型除外)、压缩、曲奇(可可型除外)、威化(可可型除外)、蛋圆、水泡饼干、蛋卷及煎饼(不发酵产品)检此项目
5	酸度	√	√		发酵饼干、蛋卷及煎饼(发酵产品)检此项目
6	脂肪	√	√		曲奇饼干检此项目
7	酸价	√	√	＊	
8	pH	√	√	＊	可可韧性、可可曲奇、可可威化饼干检此项目
9	松密度	√	√	＊	压缩饼干检此项目
10	总砷	√	√	＊	
11	铅	√	√	＊	
12	过氧化值	√	√	＊	
13	食品添加剂:甜蜜素、糖精钠	√	√	＊	
14	菌落总数	√	√	√	
15	大肠菌群	√	√	√	
16	致病菌	√	√	＊	
17	霉菌计数	√	√	＊	
18	标签	√	√		

注:1. 夹心饼干的检验项目按照饼干单片相应品种的要求检验;

2. 装饰饼干的检验项目按照饼干单片相应品种的要求检验。

八、抽样方法

根据企业申请发证产品的品种，随机抽取 1 种产品进行检验。如果企业生产夹心类产品，应抽取夹心类产品。

在企业的成品库内随机抽取发证检验样品。所抽样样品须为同一批次保质期内的产品，以同班次、同规格的产品为抽样基数，抽样基数不少于 200 袋（盒），随机抽样不少于 4 kg 且不少于 8 个最小包装的样品。样品分成 2 份，1 份检验，1 份备查。

样品确认无误后，由抽样人员与被抽样单位有关人员在抽样单上签字、盖章，当场封存样品，并加贴封条。封条上应当有抽样人员签名、抽样单位盖章及封样日期。如果抽取的样品为夹心类产品，在抽样单上应注明。

附录 D 速冻食品生产许可证审查细则(2006 版)

一、发证产品范围及申证单元

实施食品生产许可证管理的速冻食品包括速冻面米食品和速冻其他食品。

速冻面米食品是指以面粉、大米、杂粮等粮食为主要原料，也可配以肉、禽、蛋、水产品、蔬菜、果料、糖、油、调味品等为馅(辅)料，经加工成型(或熟制)后，采用速冻工艺加工包装并在冻结条件下贮存、运输及销售的各种面、米制品。根据加工方式速冻面米食品可分为生制品(即产品冻结前未经加热成熟的产品)、熟制品(即产品冻结前经加热成熟的产品包括发酵类产品及非发酵类产品)。

速冻其他食品是指除速冻面米食品外，以农产品(包括水果、蔬菜)、畜禽产品、水产品等为主要原料，经相应的加工处理后，采用速冻工艺加工包装并在冻结条件下贮存、运输及销售的食品。速冻其他食品按原料不同可分为速冻肉制品、速冻果蔬制品及速冻其他制品。

速冻是将预处理的食品放在−30 ℃～−40 ℃的装置中，在 30 分钟内通过最大冰晶生成带，使食品中心温度从−1 ℃降到−5 ℃，其所形成的冰晶直径小于 100 μm。速冻后的食品中心温度必须达到−18 ℃以下。

速冻食品的申证单元为 2 个，即速冻面米食品和速冻其他食品。

在生产许可证上应当注明获证产品名称及申证单元，速冻面米食品应注明加工方式，速冻其他食品要注明其相应的产品品种，即速冻食品[速冻面米食品(生制品、熟制品)、速冻其他食品(速冻肉制品、速冻果蔬制品、速冻其他类制品)]。企业具备了生产熟制品的能力，也可以生产同种产品的生制品。速冻食品生产许可证有效期为 3 年。产品类别编号为 1101。

二、基本生产流程及关键控制环节

(一)基本生产流程

1. 速冻面米食品基本生产流程。

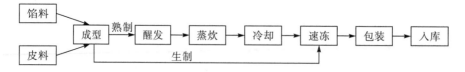

（1）水饺生产流程

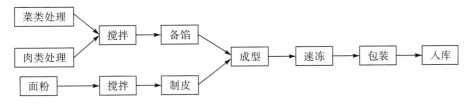

（2）包类（熟制发酵类）产品生产流程。

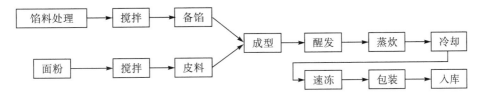

（3）汤圆生产工艺。

2. 速冻其他食品基本生产流程。

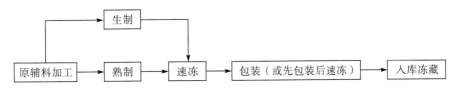

（二）关键控制环节

1. 原辅料质量；

2. 前处理工序；

3. 速冻工序；

4. 产品包装及冻藏链。

（三）容易出现的质量安全问题

1. 原辅材料质量不符合要求。

2. 冻结过程采用缓冻代替速冻或者加工处理过程中的技术参数控制不当，导致速冻食品变色、变味，营养成分过多损失。

3. 微生物指标超标。

4. 食品添加剂超标。

5. 冻藏链不符合要求。

6. 速冻食品包装及标签不符合要求。

三、必备的生产资源

(一)生产场所

生产企业除应符合生产工艺流程要求的必备生产环境外，还应有与生产能力相适应的原料冷库、辅料库、生料加工区、热加工间、熟料加工区(冷却、速冻、包装间等)、成品库(冷库)。

原料及半成品不得直接落地，生、熟加工区应严格隔离，防止交叉污染。

用于速冻的半成品，需要冷却的，应在适合卫生加工要求的环境中尽快冷却，冷却后应立即速冻。

产品应在温度能受控的环境中进行包装，包装材料符合有关卫生标准。

成品贮存要求有与生产能力相适应的冷库。冷库内温度应保持在－18 ℃或更低，温度波动要求控制在2 ℃以内。不得与有害、有毒、有异味的物品或其他杂物混存。

运输产品的运输工具厢体应符合有关卫生标准，厢内温度必须保持－15 ℃以下，运输过程中产品温度上升应保持在最低限度。

生产企业应告知销售单位产品应在冷冻条件下销售，低温陈列柜内产品的温度不得高于－12 ℃，产品的储存和陈列应与未包装的冷冻产品分开。

(二)必备的生产设备

1. 速冻面米食品。

(1)菜肉等原料清洗设施；

(2)馅料加工设备(绞肉机、切菜机、拌馅机等)；

(3) 和面设备(和面机)；

(4)醒发设施(熟制发酵类产品适用，醒发间或醒发箱)；

(5)蒸煮设备(熟制品适用，蒸煮箱或蒸煮锅)；

(6) 速冻装置；

(7)自动或半自动包装设备。

2. 速冻其他食品。

(1)原辅料加工设施；

(2)生制设施；

(3)熟制设施；

(4)速冻设备；

(5)自动或半自动包装设备。

其中速冻设备是关键设备。

四、产品相关标准

（一）速冻面米食品

GB 19295—2003《速冻预包装面米食品卫生标准》；

SB/T 10289—1997《速冻面米食品》；

备案有效的企业标准。

（二）速冻其他食品

SB/T 10379—2004《速冻调制食品》；

GB 8864—88《速冻菜豆》；

GB 8865—88《速冻豌豆》；

SB/T 10165—1993《速冻豇豆》；

SB/T 10027—92《速冻黄瓜》；

SB/T 10028—92《速冻甜椒》；

GB 2762—2005《食品中污染物限量》；

备案有效的企业标准。

五、原辅材料的有关要求

企业生产速冻食品所用的原辅材料及包装材料必须符合相应的国家标准、行业标准、地方标准及相关法律、法规和规章的规定。企业生产速冻食品所使用的畜禽肉等主要原料应经兽医卫生检验检疫，并有合格证明。猪肉必须按照《生猪屠宰条例》规定选用政府定点屠宰企业的产品。进口原料肉必须提供出入境检验检疫部门的合格证明材料。不得使用非经屠宰死亡的畜禽肉及非食用性原料。如使用的原辅材料为实施生产许可证管理的产品，必须选用获得生产许可证企业生产的产品。

六、必备的出厂检验设备

1. 天平(0.1 g)；

2. 干燥箱；

3. 灭菌设备；

4. 微生物培养箱；

5. 无菌室或超净工作台；

6. 生物显微镜。

申请速冻果蔬制品的企业还应有：

7. 分析天平(0.1 mg)

8. 高温电阻炉。

七、检验项目

速冻食品的发证检验、监督检验、出厂检验分别按照下列表格中所列出的相应检验项目进行。企业的出厂检验项目中注有"＊"标记的，企业应当每年检验2次。

无国家标准、行业标准的产品，发证检验按照备案有效的企业标准的全部检验项目进行检验。

1. 速冻面米食品检验项目。

速冻面米食品质量检验项目表

序号	检验项目	发证	监督	出厂	备注
1	标签	√	√		
2	净含量偏差	√	√	√	
3	感官	√	√	√	
4	馅料含量占净含量的百分数	√	√	＊	适用于含馅类产品
5	水分	√	√	＊	
6	蛋白质	√	√	＊	适用于馅料含有畜肉、禽肉、水产品等原料的产品
7	脂肪	√	√	＊	
8	总砷	√	√	＊	
9	铅	√	√	＊	
10	酸价	√	√	＊	适用于以动物性食品或坚果类为主要馅料的产品
11	过氧化值	√	√	＊	
12	挥发性盐基氮	√	√	＊	适用于以肉、禽、蛋、水产品为主要馅料制成的生制产品
13	食品添加剂	√	√	＊	视产品具体情况检验着色剂、甜味剂（糖精钠、甜蜜素）
14	黄曲霉毒素 B1	√	√	＊	
15	菌落总数	√	√	√	
16	大肠菌群	√	√	√	适用于熟制产品
17	霉菌计数	√	√		
18	致病菌（沙门氏菌、志贺氏菌、金黄色葡萄球菌）	√	√	＊	

注：产品标签内容除 GB 7718 的要求外，还应满足 GB 19295—2003《速冻预包装面米食品卫生标准》及 SB/T 10289—1997《速冻面米食品》的要求，应标明：速冻、生制或熟制、馅料含量占净含量的百分比。

2. 速冻其他食品检验项目。

速冻其他食品质量检验项目表

序号	检验项目	发证	监督	出厂	备注
1	标签	√	√		
2	净含量（净重）	√	√	√	
3	外观及感官	√	√	√	
4	杂质	√	√	√	适用于速冻果蔬
5	砷（以 As 计）	√	√	*	
6	铅（以 Pb 计）	√	√	*	
7	镉（以 Cd 计）	√	√	*	
8	汞（以 Hg 计）	√	√	*	速冻水产品检甲基汞
9	苯并[a]芘	√	√	*	适用于烧烤（烟熏）产品
10	酸价（以脂肪计）	√	√	*	除速冻果蔬产品
11	过氧化值（以脂肪计）	√	√	*	除速冻果蔬产品
12	挥发性盐基氮	√	√	*	适用于动物性产品
13	食品添加剂	√	√	*	按 GB 2760 规定，视产品具体情况检验着色剂、甜味剂
14	菌落总数	√	√	√	
15	大肠菌群	√	√	√	适用于熟制产品
16	霉菌计数	√	√	*	适用于熟制产品
17	致病菌	√	√	*	
18	企业标准规定的其他检验项目	√	√	*	
18	企业标准规定的其他检验项目	√	√	*	

注：产品标签内容除 GB 7718—2004《预包装食品标签通则》的要求外，根据相应产品品种或类别应满足 SB/T 10379—2004《速冻调制食品》、GB 8864—1988《速冻菜豆》、GB 8865—1988《速冻豌豆》、SB/T 10165—1993《速冻豇豆》、SB/T 10027—1992《速冻黄瓜》、SB/T 10028—1992《速冻甜椒》标准的规定，应标明：速冻、生制或熟制。

八、抽样方法

根据企业申请发证单元的品种，每个单元抽取 1 种产品进行发证检验。优先抽取熟制品产品，在熟制品中优先抽取带馅的产品。

在企业的成品库内随机抽取发证检验样品。所抽样品必须为同一批次保质期内的产品，随机抽取 20 包(盒)，样品总量不得少于 5 kg。样品平均分成两份，1 份检验，1 份备查。抽取样品时，抽样单上应注明产品类型，抽取的样品确认无误后，由抽样人员与被审查企业在抽样单上签字、盖章，当场封存样品，并加贴封条，封条上应有抽样人员签名、抽样单位盖章及抽样日期。检验用样品及备用样品应保持冻结状态。

附录E 茶叶生产许可证审查细则(2006版)

一、发证产品范围及申证单元

实施食品生产许可证管理的茶叶产品包括所有以茶树鲜叶为原料加工制作的绿茶、红茶、乌龙茶、黄茶、白茶、黑茶，及经再加工制成的花茶、袋泡茶、紧压茶共9类产品，包括边销茶。果味茶、保健茶以及各种代用茶不在发证范围。

茶叶的申证单元为2个，茶叶、边销茶。生产许可证上应注明单元名称及产品品种，即茶叶(绿茶、红茶、乌龙茶、黄茶、白茶、黑茶、花茶、袋泡茶、紧压茶)、边销茶(黑砖茶、花砖茶、茯砖茶、康砖茶、金尖茶、青砖茶、米砖茶等)；茶叶分装企业应单独注明。

边销茶生产许可证的审查按《边销茶生产许可证审查细则》进行。

茶叶生产许可证有效期为3年。其产品类别编号：1401。

二、基本生产流程及关键控制环节

(一)基本生产流程

1. 从鲜叶加工流程。

鲜叶－杀青－揉捻－干燥－绿茶。

鲜叶－萎凋－揉捻(或揉切)－发酵－干燥－红茶。

鲜叶－萎凋－做青－杀青－揉捻－干燥－乌龙茶。

鲜叶－杀青－揉捻－闷黄－干燥－黄茶。

鲜叶－萎凋－干燥－白茶。

鲜叶－杀青－揉捻－渥堆－干燥－黑茶。

2. 从茶叶生产加工流程。

茶叶－制坯－窨花－复火－提花－花茶。

茶叶－拼切匀堆－包装－袋泡茶。

3. 精制加工。

毛茶－筛分－风选－拣梗－干燥。

4. 分装加工。

原料－拼配匀堆－包装。

(二)容易出现的质量安全问题

1. 鲜叶、鲜花等原料因被有害有毒物质污染，造成茶叶产品农药残留量及重金属含量超标。

2. 茶叶加工过程中，各工序的工艺参数控制不当，影响茶叶卫生质量和茶叶品质。

3. 茶叶在加工、运输、储藏的过程中，易受设备、用具、场所和人员行为的污染，影响茶叶品质和卫生质量。

(三)关键控制环节

原料的验收和处理、生产工艺、产品仓储。

三、必备的生产资源

(一)生产场所

1. 生产场所应离开垃圾场、畜牧场、医院、粪池 50 米以上，离开经常喷施农药的农田 100 米以上，远离排放"三废"的工业企业。

2. 厂房面积应不少于设备占地面积的 8 倍。地面应硬实、平整、光洁(至少应为水泥地面)，墙面无污垢。加工和包装场地至少在每年茶季前清洗 1 次。

3. 应有足够的原料、辅料、半成品和成品仓库或场地。原料、辅料、半成品和成品应分开放置，不得混放。茶叶仓库应清洁、干燥、无异气味，不得堆放其他物品。

(二)必备的生产设备

1. 绿茶生产必须具备杀青、揉捻、干燥设备(手工、半手工名优茶视生产工艺而定)。

2. 红茶生产必须具备揉切(红碎茶)、揉捻(工夫红茶和小种红茶)、拣梗和干燥设备。

3. 乌龙茶生产必须具备做青(摇青)、杀青、揉捻(包揉)、干燥设备。

4. 黄茶生产必须具备杀青和干燥设备。

5. 白茶生产必须具备干燥设备。

6. 黑茶生产必须具备杀青、揉捻和干燥设备。

7. 花茶加工必须具备筛分和干燥设备。

8. 袋泡茶加工必须具备自动包装设备。

9. 紧压茶加工必须具备筛分、锅炉、压制、干燥设备。

10. 精制加工(毛茶加工至成品茶或花茶坯)必须具备筛分、风选、拣梗、干燥设备。

11. 分装企业必须具备称量、干燥、包装设备。

四、产品相关标准

GB 2762《食品中污染物限量》；

GB 2763《食品中农药最大残留限量》；

GB/T 9833.1《紧压茶 花砖茶》；

GB/T 9833.2《紧压茶 黑砖茶》；

GB/T 9833.3《紧压茶 茯砖茶》；

GB/T 9833.4《紧压茶 康砖茶》；

GB/T 9833.5《紧压茶 沱茶》；

GB/T 9833.6《紧压茶 紧茶》；

GB/T 9833.7《紧压茶 金尖茶》；

GB/T 9833.8《紧压茶 米砖茶》；

GB/T 9833.9《紧压茶 青砖茶》；

GB/T 13738.1《第一套红碎茶》；

GB/T 13738.2《第二套红碎茶》；

GB/T 13738.4《第四套红碎茶》；

GB/T 14456《绿茶》；

GB 18650《原产地域产品 龙井茶》；

GB 18665《蒙山茶》；

GB 18745《武夷岩茶》；

GB 18957《原产地域产品 洞庭(山)碧螺春茶》；

GB 19460《原产地域产品 黄山毛峰茶》；

GB 19598《原产地域产品 安溪铁观音》；

GB 19691《原产地域产品 狗牯脑茶》；

GB 19698《原产地域产品 太平猴魁茶》；

GB 19965《砖茶氟含量》；

SB/T 10167《祁门工夫红茶》；

相关地方标准；

备案有效的企业标准。

五、原辅材料的有关要求

1. 鲜叶、鲜花等原料应无劣变、无异味，无其他植物叶、花和杂物。

2. 毛茶和茶坯必须符合该种茶叶产品正常品质特征，无异味、无异嗅、无霉变；不着色，无任何添加剂，无其他夹杂物；符合相关茶叶标准要求。

3. 茶叶包装材料和容器应干燥、清洁、无毒、无害、无异味，不影响茶叶品质。符合 SB/T10035《茶叶销售包装通用技术条件》的规定。

六、必备的出厂检验设备

1. 感官品质检验：应有独立的审评场所，其基本设施和环境条件应符合 GB/T 18797—2002《茶叶感官审评室基本条件》相关规定。审评用具（干评台、湿评台、评茶盘、审评杯碗、汤匙、叶底盘、称茶器、计时器等），应符合 SB/T 10157—1993《茶叶感官审评方法》相关规定。

2. 水分检验：应有分析天平（1 mg）、鼓风电热恒温干燥箱、干燥器等，或水分测定仪。

3. 净含量检验：电子秤或天平。

4. 粉末、碎茶：应有碎末茶测定装置（执行的产品标准无此项目的不要求）。

5. 茶梗、非茶类夹杂物：应有符合相应要求的电子秤或天平（执行的产品标准无此项目要求的不要求）。

七、检验项目

茶叶的发证检验、监督检验和出厂检验按表中列出的检验项目进行。对各类各品种的主导产品带"＊"号标记的出厂检验项目，企业每年至少检验 2 次。

茶叶产品质量检验项目表

序号	检验项目	发证	监督	出厂	备注
1	标签	√	√		预包装产品按 GB7718 的规定进行检验
2	净含量	√	√	√	
3	感官品质	√	√	√	
4	水分	√	√	√	
5	总灰分	√	√	＊	
6	水溶性灰分	√		＊	执行标准无此项要求或为参考指标的不检验
7	酸不溶性灰分	√		＊	执行标准无此项要求或为参考指标的不检验
8	水溶性灰分碱度（以 KOH 计）	√		＊	执行标准无此项要求或为参考指标的不检验
9	水浸出物	√		＊	执行标准无此项要求或为参考指标的不检验
10	粗纤维	√		＊	执行标准无此项要求或为参考指标的不检验
11	粉末、碎茶	√		√	执行标准无此项要求的不检验
12	茶梗	√	√	√	执行标准无此项要求的不检验
13	非茶类夹杂物	√	√	√	执行标准无此项要求的不检验
14	铅	√	√	＊	
15	稀土总量	√	√	＊	

序号	检验项目	发证	监督	出厂	备注
16	六六六总量	√	√	*	
17	滴滴涕总量	√	√	*	
18	杀螟硫磷	√	√	*	
19	顺式氰戊菊酯	√	√	*	
20	氟氰戊菊酯	√	√	*	
21	氯氰菊酯	√	√	*	
22	溴氰菊酯	√	√	*	
23	氯菊酯	√	√	*	
24	乙酰甲胺磷	√	√	*	
25	氟	√	√	*	执行标准无此项要求的不检验
26	执行标准规定的其他项目	√	√	*	

八、抽样方法

按企业所申报的发证产品品种，每一品种均需随机抽取某一等级的产品进行检验。同一样品种，同一生产场地，使用不同注册商标的不重复抽取。

1. 抽样地点：成品库。

2. 抽样基数：净含量大于或等于 10 kg。抽样以"批"为单位。具有相同的茶类、花色、等级、茶号、包装规格和净含量，品质一致，并在同一地点、同一期间内加工包装的产品集合为一批。

3. 抽样方法及数量：抽样方法按 GB/T 8302《茶　取样》的规定。样品数量为 1000 g。对单块质量在 500 g 以上的紧压茶应抽取 2 块。样品分成 2 份，1 份检验，1 份备用。

4. 封样和送样要求：抽取的样品应迅速分装于 2 个茶样罐或茶样袋中，封口后现场贴上封条，并应有抽样人的签名。抽样单一式 4 份，应注明抽样日期、抽样地点、抽样方法、抽样基数、抽样数量和抽样人、被抽查单位的签字等。样品运送过程中，应做好防潮、防压、防晒等工作。茶样罐或茶样袋应清洁、干燥、无异味，能防潮、避光。

九、其他要求

1. 本类产品允许分装。

2. 企业和质检机构承担茶叶感官审评的人员，必须经统一的培训，取得国家特有工种"评茶员"的职业资格后，才能从事相应的检验工作。

3. 茶叶产品必须包装出厂。

附录 F　边销茶生产许可证审查细则

一、发证产品范围及申证单元

实施食品生产许可证管理的边销茶产品包括所有以茶叶为原料，经过蒸压成型、干燥等工序加工制成的，在边疆少数民族地区销售的茶叶产品。

二、基本生产流程及关键控制环节

(一)基本生产流程

茶叶原料－筛切拼堆－(渥堆)－蒸压成型－干燥－边销茶(紧压茶)。

(二)容易出现的质量安全问题

1. 茶叶原料：加工原料的鲜叶在生长过程中易被有害有毒物质污染，造成茶叶产品农药残留量及重金属含量超标；修剪叶落地摊放，易使原料夹杂物增加，造成非茶类夹杂物、总灰分及重金属含量超标；原料选择不当或过份粗老，易造成氟含量过高。

2. 加工过程：厂房设施及加工设备简陋直接影响产品的质量安全和品质；管理不当或卫生条件差易造成非茶类夹杂物、总灰分及茶梗超标。

3. 仓储、运输过程：易受设备、包装物、场所和人员行为的污染；通风不畅会影响产品品质和卫生状况。

(三)关键控制环节

原料、加工管理、仓储。

三、必备的生产资源

(一)生产场所

1. 生产场所应离开垃圾场、畜牧场、医院、粪池 50 米以上，离开经常喷施农药的农田 100 米以上，远离排放"三废"的工业企业。生产场所内不得有家禽等其他动物。

2. 加工车间面积应不少于设备占地面积的 10 倍。地面应硬实、平整、光洁(至少应为水泥地面)，墙面无污垢。加工和包装场所至少在每年茶季前清洗一次。

3. 锅炉间应单独设置，蒸汽管道设置应合理。应有单独存放燃料的场所，有防止燃煤污染和保障安全的措施。

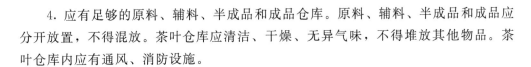

4. 应有足够的原料、辅料、半成品和成品仓库。原料、辅料、半成品和成品应分开放置，不得混放。茶叶仓库应清洁、干燥、无异气味，不得堆放其他物品。茶叶仓库内应有通风、消防设施。

(二)必备的生产设备

边销茶(紧压茶)生产必须具备筛分、锅炉、压制、干燥设备或设施。

四、产品相关标准

GB 2762《食品中污染物限量》；

GB 2763《食品中农药残留限量》；

GB/T 9833.1《紧压茶　花砖茶》；

GB/T 9833.2《紧压茶　黑砖茶》；

GB/T 9833.3《紧压茶　茯砖茶》；

GB/T 9833.4《紧压茶　康砖茶》；

GB/T 9833.5《紧压茶　沱茶》；

GB/T 9833.6《紧压茶　紧茶》；

GB/T 9833.7《紧压茶　金尖茶》；

GB/T 9833.8《紧压茶　米砖茶》；

GB/T 9833.9《紧压茶　青砖茶》；

GB 19965《砖茶氟含量》；

相关地方标准；

备案有效的企业标准。

五、原辅材料的有关要求

1. 茶叶原料必须符合正常的品质特征，无异味、无异嗅、无霉变；不着色，无任何添加剂，无非茶类夹杂物；符合相关茶叶标准要求。

2. 包装材料应干燥、清洁、无毒、无害、无异味，不影响茶叶品质。符合相关包装材料卫生要求的规定。

六、必备的出厂检验设备

1. 感官品质检验：应有独立的审评场所，其基本设施和环境条件应符合GB/T 18797—2002《茶叶感官审评室基本条件》相关规定。审评用具(干评台、湿评台、评茶盘、审评杯碗、汤匙、叶底盘、称茶器、计时器等)，应符合 SB/T 10157—1993《茶叶感官审评方法》相关规定。

2. 水分检验：应有分析天平(精度 1/1000 g 以上)、鼓风电热恒温干燥箱、干燥器等，或水分测定仪。

3. 总灰分检验：应有分析天平(精度 1/1000 g 以上)、高温电炉(温控：525±25 ℃)、瓷质坩埚、干燥器等。

4. 净含量检验：应有符合相关要求并经过计量鉴定的天平或秤。

5. 茶梗、非茶类夹杂物：应有符合相应要求的天平或秤。

七、检验项目

边销茶的发证检验、监督检验和出厂检验按表中列出的检验项目进行。对各类各品种的主导产品带"＊"号标记的出厂检验项目，企业应当每年检验 2 次。

序号	检验项目	发证检验	监督检验	出厂检验	备注
1	标签	√	√		预包装产品按 GB 7718 的规定进行检验
2	净含量	√	√	√	
3	感官品质	√	√	√	
4	水分	√	√	√	
5	总灰分	√	√	√	
6	水浸出物	√		＊	
7	茶梗	√	√	√	
8	非茶类夹杂物	√	√	√	
9	铅	√	√	＊	
10	稀土总量	√	√	＊	
11	六六六总量	√	√	＊	
12	滴滴涕总量	√	√	＊	
13	顺式氰戊菊酯	√	√	＊	
14	氟氰戊菊酯	√	√	＊	
15	氯氰菊酯	√	√	＊	
16	溴氰菊酯	√	√	＊	
17	氯菊酯	√	√	＊	
18	乙酰甲胺磷	√	√	＊	
19	杀螟硫磷	√	√	＊	
20	氟	√	√	＊	
21	执行标准规定的其他项目	√	√	＊	

八、抽样方法

在企业的成品库内随机抽取 1 种生产量较大的产品进行发证检验，所抽样品须为同一包装、同一批次的产品。抽样基数不得少于 50 kg，抽样数量为 4 kg（不少于 2 个包装），分为 2 份，1 份检验，1 份备查。

样品经确认无误后，由核查组抽样人员与被抽查单位在抽样单上签字、盖章。样品应加贴封条，封条上应有抽样和被抽样人员签字、抽样单位盖章及抽样日期。

九、其他要求

1. 边销茶产品不允许分装。

2. 在对边销茶生产加工企业进行条件审查时，应当有地方民族工作管理部门和边销茶工作管理部门的人员共同参与。

3. 承担茶叶感官品质检验的人员，必须经统一的培训，取得国家特有工种"评茶员"的职业资格后，才能从事相应的检验工作。

4. 边销茶产品必须预包装出厂。

附录 G　含茶制品和代用茶生产许可证审查细则
（2006 版）

含茶制品包括以茶叶为原料加工的速溶茶类和以茶叶为原料配以各种可食用物质或食用香料等制成的调味茶类。

代用茶是指选用可食用植物的叶、花、果（实）、根茎等为原料加工制作的、采用类似茶叶冲泡（浸泡）方式供人们饮用的产品。

实施食品生产许可证管理的含茶制品和代用茶分为 2 个申证单元，即含茶制品、代用茶。在生产许可证上应注明获证产品名称、申证单元及产品品种，即含茶制品（速溶茶类、其他类），代用茶。代用茶的分装企业应单独注明。含茶制品和代用茶生产许可证有效期为 3 年，其产品类别编号为 1402。

含茶制品生产许可证审查细则

一、发证产品范围及申证单元

实施食品生产许可证管理的含茶制品是指以茶叶为原料加工的速溶茶类［含各类固态速溶茶和各类液态速溶茶以及（抹）茶粉等产品］和以茶叶为原料配以可食用的枸杞、红枣、菊花、食用香料等制成的调味茶类（如八宝茶、三泡台等）。

二、基本生产流程及关键控制环节

（一）基本生产流程

1. 速溶茶类。

固态速溶茶（含奶茶、果味茶等）：原料→浸提→过滤→浓缩→（加入添加物）→喷雾干燥→包装。

液态速溶茶（含调味、调香浓缩茶汁）：原料→浸提→过滤→浓缩→（加入添加物）→包装。

（抹）茶粉：原料→磨碎→包装。

2. 调味茶类。

茶叶→拼配（加入配料）→包装。

（二）容易出现的质量问题

1. 农药残留及重金属含量超标。

2．劣变或混入其他杂物。

3．产品在加工、运输、储藏过程中的污染。

（三）关键控制环节

原料验收、浸提或拼配、产品仓储。

三、必备的生产资源

（一）生产场所

1．生产场所应远离各种污染源，如垃圾场、医院、化工企业，特别应注意厂房、仓库四周不应有其他的气味存在。

2．厂房地面应硬实、平整、光洁（速溶茶类生产企业应铺设地砖），墙面无污垢（速溶茶类生产企业应铺设墙砖）。要保持加工环境的清洁，减少空气中的尘埃。

3．应有足够的原料、辅料、半成品和成品仓库或场地。原料、辅料、半成品和成品应分开放置，不得混放。仓库应清洁、干燥、无异气味，不得堆放其他物品。

（二）必备的生产设备

1．固态速溶茶生产必须具备浸提、过滤、浓缩、干燥、包装设备。

2．液态速溶茶（浓缩茶汁）生产必须具备浸提、过滤、浓缩、包装设备。

3．（抹）茶粉生产必须具备研磨、包装设备。

4．调味茶类生产必须具备包装设备，干燥设备视生产工艺而定。

四、产品相关标准

备案有效的企业标准。

五、原辅材料的有关要求

1．原料应无劣变、无异味、不着色，无其他夹杂物；符合相关标准要求。

2．各种花、果（实）类配料应是可食用的，添加的香精、香料应是在食品中允许添加的，符合国家相关规定。

3．包装材料和容器应不影响产品品质；符合相关标准的规定。

六、必备的出厂检验设备

1．独立的审评场所；

2．天平（1 mg）；

3．鼓风电热恒温干燥箱；

4．台秤。

七、检验项目

序号	检验项目	发证	监督	出厂	备注
1	标签	√	√		
2	净含量	√	√	√	
3	感官品质	√	√	√	按执行标准的规定检验
4	水分	√	√	√	按执行标准的规定检验
5	总灰分	√	√	*	按执行标准的规定检验
6	铅	√	√	*	按执行标准的规定检验
7	六六六总量	√	√	*	限调味茶类；限量指标：≤0.2 mg/kg
8	滴滴涕总量	√	√	*	限调味茶类；限量指标：≤0.2 mg/kg
9	三氯杀螨醇	√	√	*	限调味茶类；限量指标：≤0.2 mg/kg
10	氰戊菊酯	√	√	*	限调味茶类；限量指标：≤0.5 mg/kg
11	乙酰甲胺磷	√	√	*	限量指标：≤0.1 mg/kg
12	杀螟硫磷	√	√	*	限量指标：≤0.5 mg/kg
13	菌落总数	√	√	*	
14	大肠菌群	√	√	*	限速溶茶类，按执行标准考核
15	致病菌	√	√	*	
16	添加剂	√	√	*	按执行标准考核
17	执行标准规定的其他项目	√	√	*	

注：1. 国家禁用农药从其规定；

2. 各类各品种的主导产品每年对有"＊"号标记的项目至少检验 2 次。

八、抽样方法

按企业所申报的发证产品种类，每一种类均需随机抽取其主要产品进行检验。同一样品种，同一生产场地，使用不同注册商标的产品不重复抽取。

1. 抽样地点：成品库。

2. 抽样基数：净含量大于或等于 10 kg。抽样以"批"为单位。具有相同的花色、等级、包装规格和净含量，品质一致，并在同一地点、同一期间内加工包装的产品集合为一批。

3. 抽样方法及数量：随机抽取所规定的样品。样品数量为 600 g（或 600 mL）。样品分成 2 份，1 份供检验用，1 份备用。

4. 封样和送样要求：抽取的样品应迅速分装于两个样罐或样袋中，封口后现场贴上封条，并应有抽样人的签名。抽样单一式 4 份，应注明抽样日期、抽样地点、抽样方法、抽样基数、抽样数量和抽样人、被抽查单位的签字等。样品运送过程中，应做好防潮、防压、防晒等工作。样罐或样袋应清洁、干燥、无异味，能防潮。

代用茶产品生产许可证审查细则

一、发证产品范围及申证单元

实施食品生产许可证管理的代用茶是指选用可食用植物的叶、花、果(实)、根茎为原料加工制作的、采用类似茶叶冲泡(浸泡)方式供人们饮用的产品。叶类产品有苦丁茶、绞股兰、银杏茶、桑叶茶、薄荷茶、罗布麻茶、枸杞叶茶等；花类产品有菊花、茉莉花、桂花、玫瑰花、金银花、玳玳花等；果(实)类(含根茎)产品有大麦茶、枸杞、苦瓜片、胖大海、罗汉果等；混合类是指以植物的叶、花、果(实)、根茎等为原料，按一定比例拼配加工而成的产品。

二、基本生产流程及关键控制环节

(一)基本生产流程
叶类：鲜叶→杀青→揉捻→干燥。
花类：
(1)杭白菊：鲜花→拣剔→杀青→干燥。
(2)贡菊：鲜花→拣剔→干燥。
(3)其他花类：鲜花→ 拣剔→干燥。
果(实)类：鲜果(实、根茎)→拣剔→(切片)→干燥。
混合类：原料→拣剔→拼配→(打碎)→包装。
分装加工：原料→拣剔→包装。

(二)容易出现的质量问题
1. 鲜叶、鲜花、果(实)、根茎等原料中农药残留量及重金属含量超标。
2. 鲜叶、鲜花、果(实)、根茎等原料的劣变或混入其他杂物。
3. 产品在加工、运输、储藏的过程中受到污染。

(三)关键控制环节
原料验收、干燥、产品仓储。

三、必备的生产资源

(一)生产场所

1. 生产场所应离开垃圾场、畜牧场、医院、粪池 50 m 以上，远离排放"三废"的工业企业。

2. 厂房面积应不少于设备占地面积的 8 倍。地面应硬实、平整、光洁(至少应为水泥地面)，墙面无污垢。

3. 应有足够的原料、辅料、半成品和成品仓库或场地。原料、辅料、半成品和成品应分开放置，不得混放。仓库应清洁、干燥、无异气味，不得堆放其他物品。

(二)必备的生产设备

1. 叶类生产必须具备杀青、揉捻、干燥、包装设备。

2. 杭白菊生产必须具备杀青设备、干燥设备视生产工艺而定、包装设备。

3. 贡菊及其他花类、果(实)、根茎类、混合类生产的设备视具体生产工艺而定，必须具备包装设备。

4. 分装加工必须具备包装设备。

四、产品相关标准

GB 18862—2002《原产地域产品　杭白菊》；

GB/T 20358—2006《地理标志产品　黄山贡菊》；

GB/T 20353—2006《地理标志产品　怀菊花》；

备案有效的企业标准。

五、原辅材料的有关要求

1. 鲜叶、鲜花、果(实)、根茎等原料应无劣变、无异味，无其他植物叶、花和杂物。

2. 产品应具有正常的品质特征，无异味、无异嗅、无霉变；不着色，无任何添加剂，无其他夹杂物；符合相关标准要求。

3. 包装材料和容器应干燥、清洁、无毒、无害、无异味，不影响产品品质，符合相关标准的规定。

六、必备的出厂检验设备

1. 独立的审评场所；

2. 审评用具(干评台、湿评台、样盘、审评杯碗、汤匙、叶底盘、称量器具、计时器等)；

3．天平（1 mg）；

4．鼓风电热恒温干燥箱；

5．台秤；

6．天平（0.1 g）。

七、检验项目

序号	检验项目	发证	监督	出厂	备注
1	标签	√	√		
2	净含量	√	√	√	按国家质检总局〔2005〕75号令规定执行
3	感官品质	√	√	√	按执行标准的规定检验
4	水分	√	√	√	按执行标准的规定检验
5	含杂率	√	√	√	执行标准中无此项要求或为参考指标的不检验
6	总灰分	√	√	*	限量指标：≤8.0%
7	铅	√	√	*	限量指标：≤5.0 mg/kg
8	六六六总量	√	√	*	限叶类；限量指标：≤0.2 mg/kg
9	滴滴涕总量	√	√	*	限叶类；限量指标：≤0.2 mg/kg
10	三氯杀螨醇	√	√	*	限叶类；限量指标：≤0.2 mg/kg
11	氰戊菊酯	√	√	*	限叶类；限量指标：≤0.5 mg/kg
12	二氧化硫	√	√	*	限花、果（实）根茎、混合类；限量指标（以 SO_2 计）：≤0.5 g/kg
13	敌敌畏	√	√	*	限花、果（实）根茎、混合类；限量指标：≤0.2 mg/kg
14	乐果	√	√	*	限花、果（实）根茎、混合类；限量指标：≤1.0 mg/kg
15	执行标准规定的其他项目	√	√	*	

注：1．国家禁用农药从其规定；

2．各类各品种的主导产品每年对有"＊"号标记的项目至少检验2次。

八、抽样方法

按企业所申报的发证产品种类，每一种类均需抽取其主导产品进行检验。同一样品种，同一生产场地，使用不同注册商标的不重复抽取。

在企业成品库内，随机抽取发证检验样品。抽样基数不得小于 5 kg（以净含量计）。所抽样品应具有相同的花色、等级、包装规格和净含量，品质一致，并在同一地点、同一期间内加工包装的产品。随机抽取 600 g 样品，抽取的样品应迅速分装于两个样罐或样袋中，样品分成 2 份，1 份检验用，1 份备用。样品确认无误后，由抽样人员与被抽样单位在抽样单上签字、盖章，当场封存样品，并加贴封条，封条上应有抽样人的签名、抽样单位盖章及封样日期。样品应做好防潮、防压、防晒等工作。

九、其他要求

本产品允许分装。

附录 H　水产加工品生产许可证审查细则

实施食品生产许可证管理的水产加工品是指以以鲜、冻水产品为原料加工制成的产品。水产加工品共分为 3 个申证单元，即干制水产品、盐渍水产品和鱼糜制品。

在生产许可证上应当注明产品名称及申证单元，生产许可证有效期为 3 年，其产品类别编号为：2201。

干制水产品生产许可证审查细则

一、发证产品范围

实施生产许可证管理的干制水产品是以鲜、冻动物性水产品、海水藻类为原料经相应工艺加工制成的产品。主要包括干海参、烤鱼片、调味鱼干、虾米、虾皮、烤虾、虾片、干贝、鱿鱼丝、鱿鱼干、干燥裙带菜叶、干海带、紫菜等。

二、基本生产流程及关键控制环节

（一）基本生产流程

1. 干海参、虾米、虾皮、干贝、鱿鱼干、干裙带菜叶、干海带、紫菜：原料预处理→干燥→包装。

2. 烤鱼片、调味鱼干、鱿鱼丝、烤虾：原料预处理→漂洗→调味→干燥→烘烤→成型→包装。

3. 虾片：原料清洗→制虾汁→合料→制卷→切片→烘干→筛选→包装。

（二）关键控制环节

1. 干海参、虾米、虾皮、干贝、鱿鱼干、干裙带菜、干海带、紫菜：原料预处理、干燥。

2. 烤鱼片、调味鱼干、鱿鱼丝、烤虾：调味、烘烤。

3. 虾片：制虾汁、烘干。

（三）容易出现的质量安全问题

1. 在烤鱼片加工过程中人为添加淀粉。

2. 海藻类产品无机砷超标。

3. 干制水产品水分、盐分超标。

4. 即食水产品微生物超标。

5. 超限量、超范围使用食品添加剂。

三、必备的生产资源

(一)生产场所

干制水产品的生产企业应具备原辅材料及包装材料库房、原辅材料处理车间、加工车间、包装车间、成品库房等生产场所。根据原料要求设置原料冷库及半成品冷库。

(二)必备的生产设备

1. 干海参、虾米、虾皮、干贝、鱿鱼干、干裙带菜叶、紫菜、干海带：原料处理设备、干燥设备、包装设备。

2. 烤鱼片、调味鱼干、鱿鱼丝、烤虾：原料处理设备、漂洗设备、调味设备、烘干设备、烘烤设备、包装设备。

3. 虾片：虾汁制备设备、合料设备、制卷设备、切片设备、烘干设备、筛选设备、包装设备。

分装企业具备自动或半自动包装设备即可。

四、产品相关标准

SC/T 3206—2000《干海参(刺参)》;

SC/T 3302—2000《烤鱼片》;

SC/T 3203—2001《调味鱼干》;

SC/T 3304—2001《鱿鱼丝》;

SC/T 3208—2001《鱿鱼干》;

SC/T 3204—2000《虾米》;

SC/T 3205—2000《虾皮》;

SC/T 3305—2003《烤虾》;

SC/T 3901—2000《虾片》;

SC/T 3207—2000《干贝》;

SC/T 3213—2002《干裙带菜叶》;

SC/T 3202—1996《干海带》;

SC/T 3201—1981《小饼紫菜》;

GB 2762—2005《食品中污染物限量》;

GB 10144—2005《动物性水产干制品卫生标准》;

GB 19643—2005《藻类制品卫生标准》;

备案有效的企业标准。

五、原辅材料的有关要求

干制水产品所选用的鱼、虾、贝类、头足类、海藻类水产品原料应新鲜、无异味、无腐败现象，且符合相应国家标准、行业标准的规定。

干制水产品加工过程中所选用的辅料：盐、糖、味素等调味料应符合相应的国家标准、行业标准的规定。

如加工过程中使用的原辅料为实施生产许可证管理的产品，必须选用获得生产许可证企业生产的产品。

六、必备的出厂检验设备

1. 分析天平(0.1 mg)；
2. 天平(0.1 g)；
3. 干燥箱；
4. 微生物培养箱；
5. 无菌室或超净工作台；
6. 灭菌锅；
7. 生物显微镜。

七、检验项目

发证检验、监督检验和出厂检验分别按表1中列出的相应检验项目进行。出厂检验项目注有"＊"标记的，企业每年应当进行2次检验。

表1 干制水产品质量检验项目表

序号	检验项目	发证	监督	出厂	备注
1	感官	√	√	√	
2	盐分	√	√	√	虾片、干海带、小饼紫菜除外
3	水分	√	√	√	
4	水产夹杂物	√	√	√	虾皮
5	泥沙杂质	√	√	√	干海带
6	完整率	√	√	√	虾米、干贝
7	线膨胀度	√	√	√	虾片
8	碎片率	√	√	√	虾片
9	挥发性盐基氮	√	√	＊	烤虾
10	菌落总数	√	√	√	即食产品

序号	检验项目		发证	监督	出厂	备注
11	大肠菌群		√	√	√	即食产品
12	致病菌		√	√	*	即食产品
13	沙门氏菌		√	√	*	调味鱼干
14	霉菌		√	√	*	即食藻类
15	致泻大肠埃希氏菌		√	√	*	烤虾
16	单核细胞增生李斯特氏菌		√	√	*	烤虾
17	砷		√	√	*	烤鱼片、调味鱼干
18	无机砷		√	√	*	贝类、虾蟹类、藻类、鱿鱼丝、鱿鱼干
19	铅		√	√	*	鱼类、藻类、鱿鱼丝、烤虾
20	汞		√	√	*	烤鱼片、调味鱼干、鱿鱼丝、鱿鱼干、烤虾
21	多氯联苯		√	√	*	藻类
22	六六六		√	√	*	干海带、小饼紫菜
23	滴滴涕		√	√	*	干海带、小饼紫菜
24	酸价		√	√	*	动物性水产干制品
25	过氧化值		√	√	*	动物性水产干制品
26	食品添加剂	山梨酸	√	√	*	即食动物性水产品
		着色剂				视产品情况（如虾米、虾片）
27	净含量负偏差		√	√	√	
28	食品标签		√	√		

八、抽样方法

根据企业申请取证的产品品种，在企业的成品库内抽取生产工艺相对复杂的主导产品（生、熟各1种）进行发证检验。

抽取样品为同一批次、保质期内的产品，抽样基数不得低于100个最小包装（其中干海参为50个最小包装）。干海参抽样数量不少于4个最小包装（总量不少于2 kg）。烤鱼片、调味鱼干、虾米、虾皮、烤虾、虾片、干贝、鱿鱼丝、鱿鱼干、干燥裙带菜叶、干海带、紫菜抽样不得少于20个最小包装（总量不少于2 kg）。样品分成2份，1份检验，1份备查。样品确认无误后，由核查组抽样人员与被抽样单位在抽样单上签字、盖章、当场封存样品，并加贴封条。封条上应当有抽样人员签名、抽样单位盖章及封样日期。

九、其他要求

干制水产品允许分装。

盐渍水产品生产许可证审查细则

一、发证产品范围及申证单元

实施生产许可证管理的盐渍水产品是指以新鲜海藻、水母、鲜(冻)鱼为原料，经相应工艺加工制成的产品。盐渍水产品包括盐渍海带、盐渍裙带菜、盐渍海蜇皮和盐渍海蜇头、盐渍鱼。

二、基本生产流程及关键控制环节

(一)基本生产流程

1. 盐渍海蜇皮和盐渍海蜇头：原料处理→初矾→二矾→三矾→沥卤(提干)→包装。

2. 盐渍裙带菜、盐渍海带：原料接收→前处理→烫煮→冷却→控水→拌盐→腌渍、卤水洗涤→脱水→冷藏→成形切割→包装→冷藏。

3. 盐渍鱼：原料处理→腌渍→(干燥)→包装。

(二)关键控制环节

1. 盐渍海蜇皮和盐渍海蜇头：三矾、沥卤(提干)。

2. 盐渍裙带菜、盐渍海带：烫煮、腌渍、脱水、贮存。

3. 盐渍鱼的盐渍。

(三)容易出现的质量安全问题

1. 盐渍海蜇皮和盐渍海蜇头：水分偏高、明矾含量不稳定。

2. 盐渍裙带菜、盐渍海带：藻体水分、盐分过高。

3. 盐渍鱼：组胺偏高。

三、必备的生产资源

(一)生产场所

1. 盐渍水产品生产企业除必须具备必备的生产环境外，其生产场所、厂房设计应当符合从原料到成品出厂的生产工艺流程要求。各生产场所的卫生环境应采取控制措施，并能保证其在连续受控状态。

2. 企业应具备原辅材料库、与生产相适应的生产车间及成品库房。

3. 盐渍海带、盐渍裙带菜生产企业的成品库房必须有制冷设备，且冷库容量应与生产能力相适应。

(二)必备的生产设备

1. 盐渍海蜇皮和盐渍海蜇头：原料处理设备、三矾设备、包装设备。

2. 盐渍裙带菜、盐渍海带：漂烫设备、冷却设备、盐渍设备、脱水设备、切割设备、包装设备。

3. 盐渍鱼：原料处理设备、腌渍设备、包装设备。

分装企业具有自动或半自动包装设备即可。

四、产品相关标准

SC/T 3210—2001《盐渍海蜇皮和盐渍海蜇头 》；

SC/T 3211—2002《盐渍裙带菜》；

SC/T 3212—2000《盐渍海带》；

GB 10138—2005《盐渍鱼卫生标准》；

GB 19643—2005《藻类制品卫生标准》；

备案有效的企业标准。

五、原辅材料的有关要求

盐渍水产品所用的原料应新鲜，来自无污染的海域。所用辅料应符合相应国家标准及行业标准的有关规定。

六、必备的出厂检验设备

1. 分析天平(0.1 mg)；

2. 天平(0.1 g)；

3. 干燥箱。

七、检验项目

发证检验、监督检验、出厂检验分别按表 2 中所列出的相应检验项目进行。出厂检验项目中注有"＊"标记的，企业应当每年检验 2 次。

表2　盐渍水产品质量检验项目表

序号	检验项目	发证	监督	出厂	备注
1	感官	√	√	√	
2	水分	√	√	√	
3	盐分	√	√	√	
4	浮盐	√	√	√	盐渍海带
5	附盐	√	√	√	盐渍裙带菜
6	明矾	√	√	*	盐渍海蜇皮和盐渍海蜇头
7	砷	√	√	*	盐渍海蜇皮和盐渍海蜇头
8	铅	√	√	*	
9	汞	√	√	*	盐渍海蜇皮和盐渍海蜇头
10	甲基汞	√	√	*	盐渍鱼
11	镉	√	√	*	盐渍鱼
12	无机砷	√	√	*	盐渍海带、盐渍裙带菜、盐渍鱼
13	多氯联苯	√	√	*	盐渍海带、盐渍裙带菜、盐渍鱼（海水鱼）
14	六六六	√	√	*	盐渍海带、盐渍裙带菜
15	滴滴涕	√	√	*	盐渍海带、盐渍裙带菜
16	酸价	√	√	*	盐渍鱼
17	过氧化值	√	√	*	盐渍鱼
18	组胺	√	√	*	盐渍鱼
19	N-二甲基亚硝胺	√	√	*	盐渍鱼
20	净含量	√	√	√	
21	标签	√	√		

注：盐渍鱼的水分、盐分按企业标准进行判定。

八、抽样方法

根据企业所申请取证的产品品种，在企业的成品库内抽取海藻类和海蜇类各1种产品进行发证检验。

抽取样品为同一批次、保质期内的产品，抽样基数不得低于100个最小包装。抽取样品量不得少于4个最小包装（总量不少于2 kg）。样品分成2份，1份检验，1份备查。样品确认无误后，由核查组抽样人员与被抽样单位在抽样单上签字、盖章、当场封存样品，并加贴封条。封条上应当有抽样人员签名、抽样单位盖章及封样日期。样品在运输的过程中应冷藏。

九、其他要求

盐渍水产品允许分装。

鱼糜制品生产许可证审查细则

一、发证产品范围

实施食品生产许可证管理的鱼糜制品是指以鲜(冻)鱼、虾、贝类、甲壳类、头足类等动物性水产品肉糜为主要原料，添加辅料，经相应工艺加工制成的产品。鱼糜制品包括即食类和非即食类。

在生产许可证上应当注明获证产品的名称，即食类和非即食类。

二、基本生产流程及关键控制环节

(一)基本生产流程

1. 即食类鱼糜制品：鲜(冻)原料→切削→斩拌→成形→高温杀菌→冷却→包装。

2. 非即食类鱼糜制品：鲜(冻)原料→解冻→斩拌→成形→凝胶化→加热→冷却→包装。

(二)关键控制环节

斩拌、凝胶化、加热(杀菌)。

(三)容易出现的质量安全问题。

1. 菌落总数超标。

2. 淀粉含量超标。

3. 超范围、超量使用食品添加剂。

三、必备的生产资源

(一)生产场所

1. 生产企业必须设有原辅料库房、加工车间、成品包装间、成品库房。

2. 根据原料的储藏要求，企业应当设置冷库。

3. 鱼糜制品生产企业其生产场所、厂房设计应符合从原料到成品出厂的生产工艺流程要求。

(二)必备的生产设备。

1. 即食类鱼糜制品：原料处理设备、切削设备、斩拌设备、成型设备、高温杀菌设备、冷却干燥设备、包装设备。

2. 非即食类鱼糜制品：原料处理设备、斩拌设备、成形设备、冷却设备、包装设备。

四、产品相关标准

SC/T 3701—2003《冻鱼糜制品》；

GB 10132—2005《鱼糜制品卫生标准》；

备案有效的企业标准。

五、原辅材料的有关要求

原料应新鲜，来自无污染的海域，且应符合国家相关卫生标准要求。如使用的辅料为实施生产许可证管理的产品，必须选用获得生产许可证的产品。

鱼糜制品的包装材料，应符合相关食品包装用材料的卫生标准要求。

六、必备的出厂检验设备

1. 分析天平(0.1 mg)；

2. 天平(0.1 g)；

3. 干燥箱；

4. 微生物培养箱；

5. 无菌室或超净工作台；

6. 灭菌锅；

7. 生物显微镜。

七、检验项目

发证检验、监督检验和出厂检验项目分别按表3、表4中列出的相应检验项目进行。出厂检验项目注有"＊"标记的，企业每年应当进行2次检验。

表3 鱼糜制品产品质量检验项目表

序号	检验项目	发证	监督	出厂	备注
1	感官	√	√	√	
2	失水率	√	√	＊	冻鱼糜制品
3	淀粉	√	√	＊	冻鱼糜制品

序号	检验项目		发证	监督	出厂	备注
4	水分		√	√	√	冻鱼糜制品
5	菌落总数		√	√	√	
6	大肠菌群		√	√	√	
7	致病菌		√	√	*	鱼糜虾糜制品
8	沙门氏菌		√	√	*	鱼糜虾糜制品除外
9	金黄色葡萄球菌		√	√	*	鱼糜虾糜制品除外
10	铅		√	√	*	虾糜制品除外
11	无机砷		√	√	*	
12	汞		√	√	*	鱼糜制品除外
13	甲基汞		√	√	*	鱼糜制品
14	镉		√	√	*	鱼类、甲壳类、软体动物产品
15	多氯联苯		√	√	*	海水鱼、虾制品
16	食品添加剂	山梨酸	√	√	*	
		亚硝酸盐	√	√	*	即食类
		磷酸盐	√	√	*	非即食类
17	净含量		√	√	√	
18	食品标签		√	√		

表 4　冻鱼糜制品质量检验项目表

序号	检验项目	发证	监督	出厂	备注
1	感官	√	√	√	
2	失水率	√	√	*	
3	淀粉	√	√	*	
4	水分	√	√	√	
5	汞	√	√	*	
6	砷	√	√	*	
7	无机砷	√	√	*	
8	铅	√	√	*	
9	镉	√	√	*	
10	菌落总数	√	√	√	
11	大肠菌群	√	√	√	

续表

序号	检验项目		发证	监督	出厂	备注
12	沙门氏菌		√	√	*	
13	金黄色葡萄球菌		√	√	*	
14	食品添加剂	山梨酸	√	√	*	
		磷酸盐				
15	净含量		√	√	√	
16	标签		√	√		

八、抽样方法

根据企业申请取证的产品品种，在企业的成品库内抽取生产工艺相对复杂的 1 种主导产品进行发证检验。

抽取样品为同一批次、保质期内的产品，抽样基数不得低于 100 个最小包装。抽取样品量为 20 个最小包装（总量不少于 4 kg）。样品分成 2 份，1 份检验，1 份备查。样品确认无误后，由核查组抽样人员与被抽样单位在抽样单上签字、盖章、当场封存样品，并加贴封条。封条上应当有抽样人员签名、抽样单位盖章及封样日期。非即食类鱼糜制品在运输的过程中应具备冷藏条件。

其他水产加工品生产许可证审查细则（2006 版）

一、发证产品范围及申证单元

实施食品生产许可证管理的其他水产加工品是指除干制水产品、盐渍水产品、鱼糜制品以外的所有以水生动植物为主要原料加工而成的产品。申证单元分为 5 个：水产调味品、水生动物油脂及制品、风味鱼制品、生食水产品、水产深加工品。

水产调味品是指以鱼类、虾类、蟹类、贝类、藻类等水生动植物为原料，经盐渍、发酵（或不发酵）等工艺加工制成的产品。水生动物油脂及制品是指以海洋动物为原料经相应工艺加工制成的油脂或油脂制品。风味鱼制品是指以鱼类、头足类等水生动物为原料，经相应工艺加工制成的产品。生食水产品是指以鲜活的水生动植物为原料，采用食盐盐渍、酒醋浸泡或其他工艺加工制成的可直接食用的水产品。水产深加工品是指以水生动植物或水生动物的副产品为原料，经特殊工艺加工制成的产品。

在生产许可证上应当注明产品及单元名称，即其他水产加工品（水产调味品、水生动物油脂及制品、风味鱼制品、生食水产品、水产深加工品）。生产许可证有效期为 3 年，其产品类别编号为：2202。

二、基本生产流程及关键控制环节

(一)基本生产流程

1. 水产调味品的基本生产流程。

原料处理→盐渍→发酵(或不发酵)→调配(或不调配)→灌装→杀菌(或不杀菌)→包装。

2. 水生动物油脂及制品的基本生产流程。

原料处理→提油(蒸煮、水解等)→压榨(过滤)→离心→精制(或不精制)→包装。

3. 风味鱼制品的基本生产流程。

原料处理→盐渍(或浸渍、调味)→干燥(或沥干)→调理(调味、烟熏、糟制、油炸等)→杀菌(或不杀菌)→包装。

鱼(蟹)松:原料处理→熟化→脱水→搓松→调味→炒松→包装。

4. 生食水产品的基本生产流程。

腌制品:原料处理→盐渍(或浸渍)→清洗沥干→调味腌制→包装。

非腌制品:原料处理→切割→包装。

5. 水产深加工品的基本生产流程。

水生动植物干粉:原料处理→干燥→粉碎→复配(或不复配)→成形(装胶囊、造粒、压片)→杀菌(或不杀菌)→包装。

水生动植物提取物:原料处理→提取→分离→调配→喷粉(或不喷粉)→包装→杀菌。

其他水产品:原料→清洗→熟制→冷却→灭菌→包装。

(二)关键控制环节

1. 水产调味品:原料验收、盐渍、发酵、杀菌;

2. 水生动物油脂及制品:原料验收、提油、精制;

3. 风味鱼制品:原料验收、盐渍(或浸渍)、调理、搓松、炒松;

4. 生食水产品:原料验收及处理、调味腌制、贮藏;

5. 水产深加工品。

(1)水生动植物干粉:原料验收、干燥、粉碎、成形、杀菌;

(2)水生动植物提取物:原料验收、提取、调配、杀菌;

(3)其他水产品:原辅料处理、杀菌。

(三)容易出现的质量安全问题

1. 由于生产工艺不合适造成产品的风味物质不足;

2. 微生物超标;

3. 超范围或超量使用食品添加剂;

4. 重金属超标；

5. 兽药残留量超标。

三、必备的生产资源

(一)生产场所

其他水产加工品的生产企业除必须具备的生产环境外，其厂房建筑结构应完善，厂房设施的设计应根据不同水产制品的工艺流程进行合理布局，上下工序衔接合理，防止原料、半成品、成品间的交叉污染。

企业应具备与生产能力相适应的原辅材料库，包装材料库、成品仓库；具备与生产相适应的生产车间，包装车间；同时原料库房应必备冷库制冷设备(或租赁冷库制冷设备)，成品库房根据贮藏需要配备冷冻冷藏设施，以保证原辅料与成品的贮存要求。冷库应根据不同工艺要求，达到相应的温度。

(二)必备的生产设备

1. 水产调味品必备的设备。

(1)原料清洗设施；

(2)粉碎设备(生产工艺需要时)；

(3)搅拌设施；

(4)盐渍设施；

(5)发酵设施(无发酵过程的不适用)；

(6)洗瓶机(瓶装产品)；

(7)杀菌设备(无杀菌过程的不适用)；

(8)包装设备。

2. 水生动物油脂及制品必备的设备。

(1)原料处理设施；

(2)蒸煮设备、萃取设备或水解设备；

(3)压榨机或过滤机；

(4)分离设备；

(5)包装设备；

(6)洗瓶机(瓶装产品)；

(7)脱胶、脱酸、脱色、脱臭设备(精制鱼油)；

(8)低温设备、蒸馏设备(多烯鱼油)；

(9)乳化设备(乳剂)。

3. 风味鱼制品必备的设备。

(1)原料处理设施；

(2)盐渍设施；

(3)搅拌设施；

(4)干燥设施；

(5)烟熏设备、油炸设备、烘炒设备、糟制设施；

(6)洗瓶机(瓶装产品)；

(7)熟化设备、搓松机(鱼松)；

(8)包装设备。

4．生食水产品必备的设备。

(1)原料清洗设施；

(2)腌制容器(腌制产品)；

(3)洗瓶机(瓶装产品)；

(4)包装设备。

5．水产深加工品必备的设备。

(1)水生动植物干粉：①清洗设施；②粉碎设备；③干燥设备；④成形设备；⑤杀菌设备(空气净化设备)；⑥包装设备。

(2)水生动植物提取物：①原料处理设施(各类容器、漂洗设备等)；②提取设施(熬煮、酶解等)；③调配设施；④包装设备；⑤杀菌设备(空气净化设备)；⑥分离设备。

(3)其他水产品：①原料处理设施；②熟制设备；③包装设备；④杀菌设备。

四、产品相关标准

(一)水产调味品

GB 10133—2005《水产调味品卫生标准》；

SC/T 3601—2003《蚝油》；

SC/T 3602—2002《虾酱》；

SC/T 3902—2001《海胆制品》；

SC/T 3905—1985《鲟、鳇鱼籽》；

(二)水生动物油脂及制品

SC/T 3502—2000《鱼油》；

SC/T 3503—2000《多烯鱼油制品》。

(三)生食水产品

GB 10136—2005《腌制生食动物性水产品卫生标准》。

水产制品还应符合 GB 2760—1996《食品添加剂使用卫生标准》、GB 2762—2005《食品中污染物限量》、GB 2763—2005《食品中农药最大残留限量》、备案有效的企业标准。

五、原辅材料的有关要求

其他水产加工品的原料必须来自无污染水域，新鲜度良好，组织紧密有弹性，无异味，无外来杂质，不得含有毒有害物质。生产加工所用的原辅材料必须符合相应的国家标准、行业标准及相关规定，不得使用非食用性原辅材料。包装材料应干燥、清洁、卫生、坚实、无破损。对于实施生产许可证管理的原辅材料，采购时应验证。产品原料的贮存及运输过程，不仅要有防雨、防尘设施，还应根据原料特点配备冷冻、冷藏、保鲜、保温、保活等设施。

六、必备的出厂检验设备

1. 分析天平(0.1 mg)；

2. 天平(0.1 g)；

3. 干燥箱；

4. 灭菌锅；

5. 无菌室(或超净工作台)；

6. 微生物培养箱；

7. 生物显微镜；

8. 计量容器；

9. 温度计(冻品)；

10. 酸度计。

七、检验项目

其他水产制品的发证检验、定期监督检验和企业出厂检验分别按下列表(表5-表9)中列出的相应检验项目进行。出厂检验项目注有"＊"标记的，企业应当每年进行2次检验。

表5　水产调味品质量检验项目表

序号	检验项目	发证	监督	出厂	备注
1	感官	√	√	√	
2	氨基酸态氮	√	√	＊	除海胆制品
3	氯化钠	√	√	√	
4	蛋白质	√	√	＊	虾酱
5	总氮	√	√	＊	蚝油、贻贝油
6	总酸	√	√	＊	蚝油、贻贝油

序号	检验项目	发证	监督	出厂	备注
7	总氮与氨基酸态氮之比	√	√	*	蚝油、贻贝油
8	水分	√	√	√	海胆制品、虾酱
9	挥发性盐基氮	√	√	*	除海胆制品
10	灰分	√	√	*	虾酱
11	汞/甲基汞	√	√	*	有此项目的
12	无机砷	√	√	*	
13	铅	√	√	*	鱼制调味品、蚝油、虾酱
14	镉	√	√	*	鱼制调味品、蚝油
15	铝	√	√	*	
16	多氯联苯	√	√	*	海水产调味品
17	苯甲酸	√	√	*	
18	山梨酸	√	√	*	
19	菌落总数	√	√	√	
20	大肠菌群	√	√	√	
21	沙门氏菌	√	√	*	
22	金黄色葡萄球菌	√	√	*	
23	副溶血性弧菌	√	√	*	
24	志贺氏菌	√	√	*	
25	净含量	√	√	√	
26	食品标签	√	√		

注：依据 SC/T 3601—2003《蚝油》、SC/T 3602—2002《虾酱》、SC/T 3902—2001《海胆制品》、SC/T 3905—1985《鲟、鳇鱼籽》、GB 10133—2005《水产调味品卫生标准》、备案有效的企业标准。

表6　水生动物油脂及制品质量检验项目表

序号	检验项目	发证	监督	出厂	备注
1	感观	√	√	√	
2	水分及挥发物	√	√	√	鱼油
3	酸价	√	√	√	
4	过氧化值	√	√	√	
5	不皂化物	√	√	*	鱼油

续表

序号	检验项目	发证	监督	出厂	备注
6	碘价	√	√	*	
7	杂质	√	√	*	鱼油
8	EPA＋DHA 总量	√	√	*	多烯鱼油制品
9	EPA 总量	√	√	*	多烯鱼油制品
10	DHA 总量	√	√	*	多烯鱼油制品
11	铅	√	√	*	多烯鱼油制品
12	砷	√	√	*	多烯鱼油制品
13	汞	√	√	*	多烯鱼油制品
14	菌落总数	√	√	√	多烯鱼油制品
15	大肠菌群	√	√	√	多烯鱼油制品
16	霉菌	√	√	*	多烯鱼油制品
17	致病菌	√	√	*	多烯鱼油制品
18	净含量	√	√	√	
19	食品标签	√	√		

注：依据 SC/T 3502－2000《鱼油》、SC/T 3503－2000《多烯鱼油制品》、备案有效的企业标准。

表7 风味鱼制品质量检验项目表

序号	检验项目	发证	监督	出厂	备注
1	感官	√	√	√	
2	水分	√	√	√	
3	盐分	√	√	√	
4	挥发性盐基氮	√	√	√	
5	酸价	√	√	√	油炸
6	过氧化值	√	√	√	油炸
7	苯并[a]芘	√	√	*	烟熏
8	菌落总数	√	√	√	
9	大肠菌群	√	√	√	
10	致病菌	√	√	*	
11	无机砷	√	√	*	
12	铅	√	√	*	

序号	检验项目	发证	监督	出厂	备注
13	铝	√	√	*	
14	甲基汞	√	√	*	
15	防腐剂	√	√	*	视产品情况而定
16	着色剂	√	√	*	视产品情况而定
17	甜味剂	√	√	*	视产品情况而定
18	多氯联苯	√	√	*	海水产品
19	净含量	√	√	√	
20	食品标签	√	√		

注：依据 GB 2760—1996《食品添加剂使用卫生标准》、GB 2762—2005《食品中污染物限量》、GB 7718—2004《预包装食品标签通则》、定量包装商品计量管理办法、备案有效的企业标准。

表 8　生食水产品质量检验项目表

序号	检验项目	发证	监督	出厂	备注
1	感官	√	√	√	
2	挥发性盐基氮	√	√	√	蟹块、蟹糊
3	无机砷	√	√	*	
4	甲基汞	√	√	*	
5	铝	√	√	*	
6	N-二甲基亚硝胺	√	√	*	适用于海产品
7	多氯联苯	√	√	*	适用于海产品
8	菌落总数	√	√	√	
9	大肠菌群	√	√	√	
10	致病菌	√	√	*	
11	寄生虫囊蚴	√	√	*	
12	净含量	√	√	√	
13	食品标签	√	√		

注：依据 GB 10136—2005《腌制生食动物性水产品卫生标准》、备案有效的企业标准。

表9 水产深加工品质量检验项目表

序号	检验项目	发证	监督	出厂	备注
1	感官	√	√	√	
2	水分/总固形物	√	√	√	
3	盐分	√	√	√	视产品情况而定
4	蛋白质	√	√	√	视产品情况而定
5	灰分	√	√	*	视产品情况而定
6	无机砷	√	√	*	
7	铅	√	√	*	
8	甲基汞	√	√	*	
9	铝	√	√	*	
10	菌落总数	√	√	√	
11	大肠菌群	√	√	√	
12	沙门氏菌	√	√	*	
13	志贺氏菌	√	√	*	
14	金黄色葡萄球菌	√	√	*	
15	副溶血性弧菌	√	√	*	
16	食品添加剂	√	√	*	视产品情况而定
17	净含量	√	√	√	
18	食品标签	√	√		

注：依据 GB 2760—1996《食品添加剂使用卫生标准》、GB 2762—2005《食品中污染物限量》、GB 7718—2004《预包装食品标签通则》、定量包装商品计量管理办法、备案有效的企业标准（产品的特征成分应在企业标准中明确列出）。

八、抽样方法

根据企业申请发证产品的品种，在企业的成品库内，每个单元抽取一个样品进行发证检验。优先抽取工艺过程比较复杂的、生产加工难度比较高的产品进行检验。

所抽样品为同一批次保质期内的产品，抽样基数不得少于 200 个最小包装。随机抽取 20 个最小包装，样品总量不少于 2 kg；包装净含量高于 2 kg 的产品抽取 4 个包装，从 4 个包装中抽取样品，总量不少于 2 kg；水产深加品酌情抽样（满足检验和复检用量）。样品分成 2 份，1 份用于检验，1 份备查。样品确认无误后，由审查组抽样人员与被抽样单位在抽样单上签字、盖章、当场封存样品，并加贴封条。封条上应当有抽样人员签名、抽样单位盖章及封样日期。

附录 I 糕点生产许可证审查细则

一、发证产品范围及申证单元

实施食品生产许可证管理的糕点产品包括以粮、油、糖、蛋等为主要原料，添加适量辅料，并经调制、成型、熟制、包装等工序制成的食品，如月饼、面包、蛋糕等。包括：烘烤类糕点(酥类、松酥类、松脆类、酥层类、酥皮类、松酥皮类、糖浆皮类、硬酥类、水油皮类、发酵、烤蛋糕类、烘糕类等)；油炸类糕点(酥皮类、水油皮类、松酥类、酥层类、水调类、发酵类、上糖浆类等)；蒸煮类糕点(蒸蛋糕类、印模糕类、韧糕类、发糕类、松糕类、棕子类、糕团类、水油皮类等)；熟粉类糕点(冷调韧糕类、热调韧糕类、印模糕类、片糕类等)等。申证单元为 1 个，即糕点(烘烤类糕点、油炸类糕点、蒸煮类糕点、熟粉类糕点、月饼)。

在生产许可证上应当注明获证产品名称即糕点(烘烤类糕点、油炸类糕点、蒸煮类糕点、熟粉类糕点、月饼)。糕点生产许可证有效期为 3 年，其产品类别编号为：2401。

二、基本生产流程及关键控制环节

(一)生产的基本流程

基本流程包括原辅料处理、调粉、发酵(如发酵类)、成型、熟制(烘烤、油炸、蒸制或水煮)、冷却和包装等过程。

(二)关键控制环节

原辅料、食品添加剂的使用等。

(三)容易出现的质量安全问题

1. 微生物指标超标。

2. 油脂酸败(酸价、过氧化值超标等)。

3. 食品添加剂超量、超范围使用。

三、必备的生产资源

(一)生产场所

糕点生产企业除必须具备必备的生产环境外，还应具备以下条件：

厂房与设施必须根据工艺流程合理布局，并便于卫生管理和清洗、消毒。并具备防蝇、防虫、防鼠等保证生产场所卫生条件的设施。

糕点生产企业应具备原料库、生产车间和成品库。须冷加工的产品应设专门加工车间,应为封闭式,室内装有空调器、紫外线灭菌灯等灭菌消毒设施,并设有冷藏柜。生产发酵类产品的须设发酵间(或设施)。

用糕点进行再加工的生产企业必须具备冷加工车间。

(二)必备的生产设备

糕点生产企业必须具备下列生产设备:

1.调粉设备(如和面机、打蛋机);

2.成型设施(如月饼成型机、桃酥机、蛋糕成型机、酥皮机、印模等);

3.熟制设备(如烤炉、油炸锅、蒸锅);

4.包装设施(如包装机)。

生产发酵类产品还应具备发酵设施(如发酵箱、醒发箱)。

用糕点进行再加工的生产企业必须具备相应的生产设备。

四、产品相关标准

国家标准	行业标准
《糕点、面包卫生标准》 (GB 7099—2003) 《食品中污染物限量》 (GB 2762—2005) 《月饼》(GB 19855—2005)	《蛋糕通用技术条件》(SB/T 10030—1992)
	《片糕通用技术条件》(SB/T 10031—1992)
	《桃酥通用技术条件》(SB/T 10032—1992)
	《烘烤类糕点通用技术条件》(SB/T 10222—1994)
	《油炸类糕点通用技术条件》(SB/T 10223—1994)
	《水蒸类糕点通用技术条件》(SB/T 10224—1994)
	《熟粉类糕点通用技术条件》(SB/T 10225—1994)
	《糕点检验规则、包装、标志、运输及贮存》 (SB/T 10227—1994)
	《粽子》(SB/T 10377—2004)
	《裱花蛋糕》(SB/T 10329—2000)
	《面包》(QB/T 1252—1991)
	《月饼馅料》(SB 10350—2002)
	备案的现行企业标准

五、原辅材料的有关要求

企业生产糕点的原辅材料必须符合国家标准和有关规定。如使用的原辅材料为实施生产许可证管理的产品，必须选用获得生产许可证企业生产的产品。

六、必备的出厂检验设备

生产糕点的企业应当具备下列必备的产品出厂检验设备：

1. 天平(0.1 g)；

2. 分析天平(0.1 mg)；

3. 干燥箱；

4. 灭菌锅；

5. 无菌室或超净工作台；

6. 微生物培养箱；

7. 生物显微镜。

七、检验项目

糕点的发证检验、定期监督检验和出厂检验项目按下表中列出的检验项目进行。出厂检验项目中注有"＊"标记的，企业应当每年检验2次。

糕点质量检验项目表

序号	检验项目	发证	监督	出厂	备注
1	外观和感官	√	√	√	
2	净含量	√	√	√	
3	水分或干燥失重	√	√	√	
4	总糖	√	√	＊	面包不检此项
5	脂肪	√	√	＊	水蒸类、面包、蛋糕类、熟粉类、片糕、非肉馅粽子、无馅类粽子、混合类粽子不检此项
6	碱度	√	√	＊	适用于油炸类糕点
7	蛋白质	√	√	＊	适用于蛋糕、果仁类广式月饼、肉与肉制品类广式月饼、水产类广式月饼、果仁类苏式月饼、肉与肉制品类苏式月饼、肉馅粽子
8	馅料含量	√	√	√	适用于月饼

续表

序号	检验项目	发证	监督	出厂	备注
9	装饰料占蛋糕总质量的比率	√	√	*	适用于裱花蛋糕
10	比容	√	√	*	适用于面包
11	酸度	√	√	*	适用于面包
12	酸价	√	√	*	
13	过氧化值	√	√	*	
14	总砷	√	√	*	
15	铅	√	√	*	
16	黄曲霉毒素 B_1	√	√	*	
17	防腐剂：山梨酸、苯甲酸、丙酸钙（钠）	√		*	月饼加测脱氢乙酸 面包加测溴酸钾
18	甜味剂：糖精钠、甜蜜素	√	√	*	
19	色素：胭脂红、苋菜红、柠檬黄、日落黄、亮蓝	√	√	*	根据色泽选择测定
20	铝	√	√	*	
21	细菌总数	√	√	√	
22	大肠菌群	√	√	√	
23	致病菌	√	√	*	
24	霉菌计数	√	√	*	
25	商业无菌	√	√	*	只适用于真空包装类粽子
26	标签	√	√		

八、抽样方法

发证检验和监督检验抽样按照以下规定进行。

根据企业申请发证产品的品种，随机抽取 1 种产品进行检验。抽取产量最大的主导产品。生产月饼的企业应加抽月饼。

对于现场审查合格的企业，审查组在完成必备条件现场审查工作后，在企业的成品库内随机抽取发证检验样品。所抽样品须为同一批次保质期内的产品，以同班次、同规格的产品为抽样基数，抽样基数不少于 25 kg，随机抽样至少 2 kg（至少 4 个独立包装）。样品分成 2 份，送检验机构，1 份用于检验，1 份备查。样品确认无误后，由审查组抽样人员与被抽样单位在抽样单上签字、盖章、当场封存样品，并加贴封条。封条上应当有抽样人员签名、抽样单位盖章及封样日期。